これでわかる算数 小学4年

文英堂編集部　編

JN084195

文英堂

特別ふろく 教科書の要点 まとめカード30

---

1 〔大きい数〕　→ 本文5ページ

	7	1	8	5	2	9	6	0	0	0	0	0	0	0
千	百	十	一	千	百	十	一	千	百	十	一	千	百	十	一

兆　　　　億　　　　万

七十一兆八千五百二十九億六千万

(1) 10倍すると，位が1つ上がる。

(2) $\frac{1}{10}$ にすると，位が1つ下がる。

答　(1)50億　(2)6億　(3)3億　(4)8000億
　　(5)1兆　(6)1000万

---

2 〔大きな数の読み方・書き方〕　→6ページ

● 4けたごとに区切ると，読みやす
　くなる。

億　　　万
3462800000

三百四十六億二千八百万

答　(1)八百五億四千万
　　(2)2500000300000
　　(3)652310030
　　(4)48億　(5)19兆

---

3 〔角の大きさ〕　→14ページ

角…1つの頂点
から出ている2つの
辺がつくる形。

1直角＝90°

2直角＝180°

角の大きさは，分度器ではかる。

答　(1)50　(2)110　(3)1　(4)2

---

4 〔三角じょうぎの角〕　→15ページ

1組の三角じょうぎの角は，次のように
なっている。

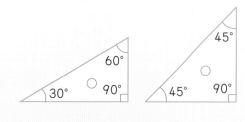

答　(1)135°　(2)105°　(3)105°　(4)60°

---

5 〔わり算①〕　98÷7の計算　→20ページ

```
  1         1         1        14
7)98  ⇒  7)98  ⇒  7)98  ⇒  7)98
           7         7         7
           2        28        28
                              28
                               0
```

9÷7で　　七一が7　　8をおろ　　4をたてて
1をたてる　9-7=2　　して28　　七四28
　　　　　　　　　　　　　　　　ひいて0

答　(1)12　(2)16　(3)17　(4)23　(5)45　(6)29

---

6 〔わり算②〕　952÷4の計算　→24ページ

```
    2          23         238
4)952  ⇒  4)952  ⇒  4)952
  8          8          8
  15         15         15
             12         12
             32         32
                        32
                         0
```

答　(1)175　(2)236　(3)204
　　(4)84　(5)63　(6)51

ミシン目で切り
取ってください。
リングにとじて
使えば便利です。

● カードの表には，教科書の要点がまとめて
あります。

● カードのうらには，テストによく出るたい
せつな問題がのせてあります。

● カードのうらの問題の答えは，カードの表
のいちばん下にのせてあります。

2

● 次の数を読みましょう。

(1) 80540000000

● 次の数を数字で書きましょう。

(2) 二兆五千億三十万

(3) 六億五千二百三十一万三十

● 次の計算をしましょう。

(4) 15億＋33億

(5) 48兆－29兆

1

● 次の数をいいましょう。

(1) 5億×10　　(2) 60億÷10

(3) 3000万×10　(4) 8兆÷10

(5) 1000億×10　(6) 1億÷10

4

● 次の角の大きさは何度でしょう。

(1)　　　　　　(2)

(3)　　　　　　(4)

3

● 角度をはかりましょう。

(1)□°　　　　　(2)□°

● □にあてはまる数をいいましょう。

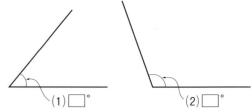

90°＝(3)□直角　　180°＝(4)□直角

6

● 次のわり算をしましょう。

(1) 5)875　(2) 3)708　(3) 4)816

(4) 3)252　(5) 9)567　(6) 6)306

5

● 次のわり算をしましょう。

(1) 7)84　(2) 6)96　(3) 5)85

(4) 4)92　(5) 2)90　(6) 3)87

➡30ページ

7　〔垂直・平行〕

垂直…直角に交わっている２つの直線は垂直である。

直角

平行…１つの直線に垂直な２つの直線は平行である。

直角

答　(1)お　(2)え

➡34ページ

8　〔台形・平行四辺形〕

台形…向かい合った１組の辺が平行な四角形。

平行四辺形…向かい合った２組の辺が平行な四角形。

答　(1)あ70°，い110°　(2)AB 8cm，BC 5cm

➡35ページ

9　〔ひし形・長方形・正方形〕

ひし形…4つの辺の長さがすべて同じ。

長方形…4つの角が直角。

正方形…4つの辺の長さが同じで，4つの角が直角。

これはひし形

答　(1)台形　(2)長方形　(3)平行四辺形　(4)ひし形

➡35ページ

10　〔いろいろな四角形の対角線〕

平行四辺形…真ん中の点で交わる。

ひし形…真ん中の点で，垂直に交わる。

長方形…2本の長さが等しく，真ん中の点で交わる。

正方形…2本の長さが等しく，真ん中の点で垂直に交わる。

答　(1)ひし形　(2)平行四辺形　(3)長方形　(4)正方形

➡43ページ

11　〔折れ線グラフ〕

折れ線グラフ…変わり方のようすを表したグラフ。

(度)　池の水の温度

午前9 10 11 12午後1 2 3 4 5 (時)

答　(1)27　(2)28

➡49ページ

12　〔小数のしくみ〕

1.2，2.56，3.141のような数を小数という。

3 . 1 4 1
↑　↑　↑　↑　↑
一の位　小数点　小数第一位　小数第二位　小数第三位

答　(1)順に4こ，10こ，12こ，(2)5.734

➡58ページ

13　〔わり算③〕

$69 \div 23$ の計算

$$23 \overline{)69} \quad 3$$

一の位に3をたてる

$$23 \overline{)69} \quad 3 \\ \quad\quad 69$$

$23 \times 3 = 69$

$$23 \overline{)69} \quad 3 \\ \quad\quad 69 \\ \quad\quad\ \ 0$$

$69 - 69 = 0$

答　(1)2　(2)3　(3)5　(4)3　(5)3　(6)5

➡59ページ

14　〔わり算④〕

$192 \div 32$ の計算

$$32 \overline{)192} \quad 6$$

一の位に6をたてる

$$32 \overline{)192} \quad 6 \\ \quad\quad 192$$

$32 \times 6 = 192$

$$32 \overline{)192} \quad 6 \\ \quad\quad 192 \\ \quad\quad\ \ 0$$

$192 - 192 = 0$

答　(1)3　(2)5　(3)9　(4)3　(5)9　(6)8

● 平行四辺形 ABCD をかきました。

(1) あ, いの角の
大きさは, それ
ぞれ何度でしょ
う。

(2) 辺 AB, BC
は, それぞれ何
cm でしょう。

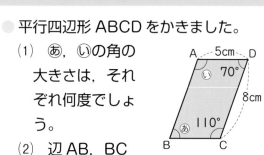

(1) 直線えに垂直な直線はどれですか。

(2) 直線いに平行な直線はどれですか。

● 下の図は, 四角形の対角線を表し
ています。どんな四角形の対角線
でしょう。

(1)

(2)

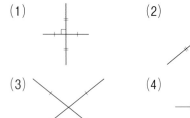

(3)

(4)

● □にことばをあてはめましょう。

(1) 1組の向かい合った辺が平行な
四角形を□といいます。

(2) 4つの角がすべて直角である四
角形を□といいます。

(3) 2組の向かい合った辺が平行な
四角形を□といいます。

(4) 辺の長さがみんな同じ四角形
を□といいます。

● (1) 0.4, 1, 1.2 は 0.1 をそれ
ぞれ何こ集めた数でしょう。

(2) 1を5こ, 0.1を7こ, 0.01
を3こ, 0.001を4こあわせた
数は何でしょう。

● 2人の4年の
ときの体重は
あいこ

(1)□kg

たくと

(2)□kg

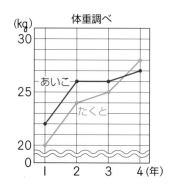

● 次のわり算をしましょう。

(1) 44)132
(2) 26)130
(3) 38)342

(4) 71)213
(5) 38)342
(6) 98)784

● 次のわり算をしましょう。

(1) 24)48
(2) 31)93
(3) 15)75

(4) 25)75
(5) 32)96
(6) 17)85

15 〔計算のじゅんじょ〕 →70ページ

- ふつうは，左から順に計算。
- （ ）があるときは，（ ）の中を先に計算。
- ＋，－と，×，÷では，×，÷を先に計算。

答 (1)2 (2)6 (3)4 (4)1 (5)6
(6)10 (7)21 (8)3 (9)9 (10)15

16 〔計算のきまり〕 →70ページ

- $\square + \bigcirc = \bigcirc + \square$, $\square \times \bigcirc = \bigcirc \times \square$
- $(\square + \bigcirc) + \triangle = \square + (\bigcirc + \triangle)$
- $(\square \times \bigcirc) \times \triangle = \square \times (\bigcirc \times \triangle)$

（例） $3+2=2+3$, $3 \times 2 = 2 \times 3$
$(3+2)+4 = 3+(2+4)$
$(3 \times 2) \times 4 = 3 \times (2 \times 4)$

答 (1)7 (2)3 (3)5 (4)4 (5)7

17 〔面積〕 →76ページ

広さのことを面積という。

1cm²は1平方センチメートルと読む。

1cm²…1辺が1cmの正方形の面積。
長方形の面積＝たて×横
正方形の面積＝1辺×1辺

答 (1)20cm² (2)16cm² (3)160cm² (4)100cm²

18 〔ふくざつな面積の求め方〕 →77ページ

答 (1)16cm² (2)16cm²

19 〔大きな面積〕 →80ページ

1m²…1辺が1mの正方形の面積。
1km²…1辺が1kmの正方形の面積。

$1m^2 = 10000cm^2$
$1a = 100m^2$, $1ha = 100a$
$1km^2 = 1000000m^2$

答 (1)24m² (2)40km²

20 〔分数のいろいろ〕 →86ページ

真分数…1より小さい分数。

分子が分母より小さい。

仮分数…1に等しいか，1より大きい分数。

帯分数…整数と真分数の和になっている分数。

答 (1)仮分数 (2)真分数
(3)真分数… $\frac{5}{7}$, $\frac{9}{10}$ 仮分数… $\frac{5}{3}$, $\frac{7}{7}$, $\frac{10}{9}$

21 〔仮分数と帯分数の関係〕 →87ページ

- 仮分数は帯分数か整数になおせる。
- 帯分数は仮分数になおせる。

$$\frac{5}{3} \longleftrightarrow 1\frac{2}{3}$$

$5 \div 3 = 1$ あまり 2

答 (1)$1\frac{1}{3}$ (2)$3\frac{1}{2}$ (3)$1\frac{3}{7}$ (4)3
(5)$\frac{7}{5}$ (6)$\frac{5}{2}$ (7)$\frac{9}{2}$ (8)$\frac{19}{8}$

22 〔変わり方〕 →96ページ

変わり方と表・グラフ…変わり方を表やグラフに表すと，変化のようすがよくわかる。

だんの数（だん）	1	2	3	4	5
まわり（cm）	4	8	12	16	20

答 (1)3 (2)6 (3)9 (4)12 (5)15 (6)3 (7)18

● □にあてはまる数をいいましょう。

(1) □×56＝56×7

(2) 97×6＋3×6＝(97＋□)×6

(3) (100−5)×4
＝100×4−□×4

(4) 25×16＝25×4×□

(5) 93×5＝100×5−□×5

● 次の計算をしましょう。

(1) 8−4−2　　(2) 8−(4−2)

(3) 8÷4×2　　(4) 8÷(4×2)

(5) (8+4)÷2　　(6) 8+4÷2

(7) 3×8−6÷2

(8) 3×(8−6)÷2

(9) (3×8−6)÷2

(10) 3×(8−6÷2)

> かっこの中をさきに計算

● 面積を求めましょう。

(1)

(2)

● 面積を求めましょう。

(1)

(2)

(3) たて 20cm，横 8cm の長方形。

(4) 1辺が 10cm の正方形。

● (1) $\dfrac{3}{2}$, $\dfrac{5}{4}$, $\dfrac{4}{4}$ のような分数を何といいますか。

(2) $\dfrac{1}{2}$, $\dfrac{2}{3}$ のような分数を何といいますか。

(3) 真分数と仮分数に分けましょう。

$\dfrac{5}{3}$, $\dfrac{7}{7}$, $\dfrac{5}{7}$, $\dfrac{10}{9}$, $\dfrac{9}{10}$

● 面積を求めましょう。

(1) たて 4m，横 6m の長方形の形をした花だんの面積。

(2) 南北 5km，東西 8km の長方形の土地の面積。

● おはじきを正三角形の形にならべます。下の(1)～(7)に数を入れましょう。

1辺の数(こ)	2	3	4	5	6
まわりの数(こ)	(1)	(2)	(3)	(4)	(5)

・まわりの数は，(6)□こずつふえます。

・1辺の数が 7 このとき，まわりの数は(7)□こです。

● 整数か帯分数になおしましょう。

(1) $\dfrac{4}{3}＝$□　　(2) $\dfrac{7}{2}＝$□

(3) $\dfrac{10}{7}＝$□　　(4) $\dfrac{6}{2}＝$□

● 仮分数になおしましょう。

(5) $1\dfrac{2}{5}＝$□　　(6) $2\dfrac{1}{2}＝$□

(7) $4\dfrac{1}{2}＝$□　　(8) $2\dfrac{3}{8}＝$□

23

〔変わり方と表〕 ➡97 ページ

● 変わり方を表にかくと，変わり方の
きまりが見つけやすくなる。

（例） 10このキャンデーを兄と弟に分ける。

兄(こ)	1	2	3	4	5	6	7	8	9
弟(こ)	9	8	7	6	5	4	3	2	1

・兄のこ数が1ふえると，弟のこ数
は1へる。

答 (1)90円 (2)100円 (3)1000円

24

〔がい数〕 ➡102 ページ

がい数…およその数のこと。

四捨五入…求めようとする位の1つ下
の位の数字が

0，1，2，3，4のときは切り捨て

5，6，7，8，9のときは切り上げる

方法のこと。

答 (1)8000 (2)597000 (3)8600 (4)680000

25

〔和・差の見積もり〕 ➡107 ページ

和・差の見積もり…求めようとする
位までのがい数にしてから計算する。

（例）千の位までのがい数
→百の位を四捨五入

$$\begin{array}{r} 17543 \\ +63738 \end{array} \Rightarrow \begin{array}{r} 18000 \\ +64000 \\ \hline 82000 \end{array}$$

答 (1)113000 (2)45000
(3)55000 (4)206000

26

〔小数×整数〕 ➡113 ページ

1.2×73 の計算

$$\begin{array}{r} 1.2 \\ \times 73 \end{array} \Rightarrow \begin{array}{r} 1.2 \\ \times 73 \\ \hline 36 \\ 84 \\ \hline 876 \end{array} \Rightarrow \begin{array}{r} 1.2 \\ \times 73 \\ \hline 36 \\ 84 \\ \hline 87.6 \end{array}$$

たてにそろ　　整数と同じ　　小数点
えてかく　　　ように計算する　をうつ

答 (1)31.5 (2)73.8 (3)28
(4)81.2 (5)111.8 (6)144

27

〔小数÷整数〕 ➡116 ページ

96.6÷21 の計算

$$21\overline{)96.6} \Rightarrow \begin{array}{r} 4. \\ 21\overline{)96.6} \\ \underline{84} \\ 12 \end{array} \Rightarrow \begin{array}{r} 4.6 \\ 21\overline{)96.6} \\ \underline{84} \\ 126 \\ \underline{126} \\ 0 \end{array}$$

答 (1)1.3 (2)5.2 (3)9.1 (4)2.5
(5)3.6 (6)0.5

28

〔わり進む筆算〕 ➡117 ページ

14÷8 をわり切れるまで計算

$$\begin{array}{r} 1 \\ 8\overline{)14} \\ \underline{8} \\ 6 \end{array} \Rightarrow \begin{array}{r} 1.7 \\ 8\overline{)14} \\ \underline{8} \\ 60 \\ \underline{56} \\ 4 \end{array} \Rightarrow \begin{array}{r} 1.75 \\ 8\overline{)14} \\ \underline{8} \\ 60 \\ \underline{56} \\ 40 \\ \underline{40} \\ 0 \end{array}$$

答 (1)17.5 (2)1.2 (3)1.64
(4)1.55 (5)0.26 (6)1.15

29

〔直方体と立方体〕 ➡122 ページ

直方体…長方形だ
け，長方形と正方形
で囲まれた箱の形。

立方体…正方形だ
けで囲まれた箱の形。

答 (1)DC (2)BC (3)EFGH

30

〔見取図と展開図〕 ➡123 ページ

見取図…立体を見たままの形で表し
た図。見えない線は点線でかく。

展開図…立体を，つながり方を変え
ないで，平面上に広げた図。

答 (1)え (2)お

● 四捨五入で，千の位までのがい数で表しましょう。

(1) 8140　　(2) 596730

● 四捨五入で，上から2けたのがい数で表しましょう。

(3) 8558　　(4) 684178

● パンを，箱に入れてもらって買います。パンのこ数と代金の関係は，次のようです。

こ数（こ）	4	5	6	7	8
代金（円）	460	550	640	730	820

(1) パン1このねだんは，何円でしょう。

(2) 箱のねだんは，何円でしょう。

(3) パン10このとき，代金は何円でしょう。

● 次のかけ算をしましょう。

(1)　4.5
　　×　7

(2)　8.2
　　×　9

(3)　3.5
　　×　8

(4)　5.8
　　×14

(5)　4.3
　　×26

(6)　3.2
　　×45

● 次の和や差を，千の位までのがい数で求めましょう。

(1)　84563
　　＋27630

(2)　40321
　　＋　4986

(3)　78051
　　－23349

(4)　330521
　　－125433

● わり切れるまで計算しましょう。

(1) 2)35

(2) 20)24

(3) 25)41

(4) 4)6.2

(5) 45)11.7

(6) 12)13.8

● 次のわり算をしましょう。

(1) 7)9.1

(2) 6)31.2

(3) 5)45.5

(4) 23)57.5

(5) 17)61.2

(6) 43)21.5

● 下の図は，立方体の展開図です。

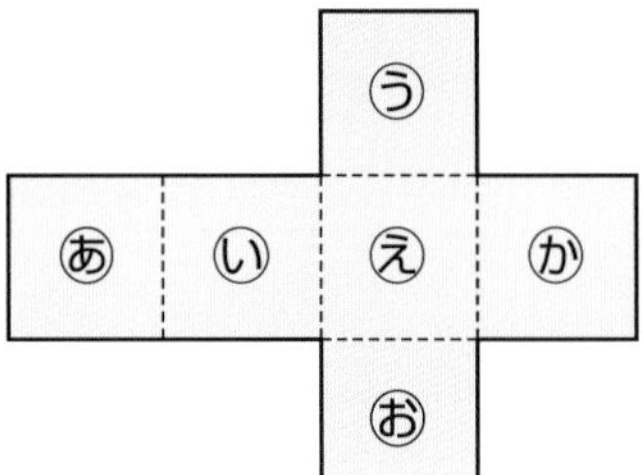

あの面に平行な面は面 (1)□ です。
いの面に垂直な面は面あ，面う，面え，面 (2)□ です。

● 下の図は，立方体です。

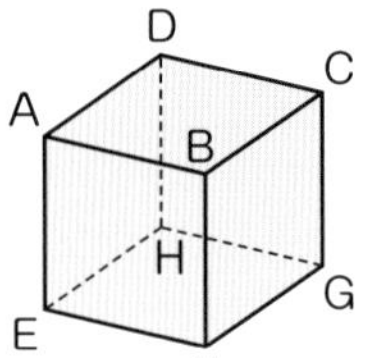

辺EFに平行な辺は，辺AB，辺HG，辺 (1)□ です。
面AEFBに垂直な辺は，辺EH，辺AD，辺FG，辺 (2)□ です。
面ABCDに平行な面は面 (3) です。

この本の特色と使い方

この本は，全国の小学校・じゅくの先生やお友だちに，“どんな本がいちばん役に立つか”をきいてつくった参考書です。

❶ 教科書にピッタリあわせている。

❷ たいせつなこと（要点）がわかりやすく，ハッキリ書いてある。

❸ 教科書のドリルやテストに出る問題がたくさんのせてある。

❹ 問題の考え方やとき方が，親切に書いてあり，実力が身につく。

❺ カラーの図や表がたくさんのっているので，楽しく勉強できる。中学入試にも利用できる。

この本の組み立てと使い方

教科書のまとめ

● その単元で勉強することをまとめてあります。予習のときに目を通すと，何を勉強するのかよくわかります。テスト前にも，わすれていないかチェックできます。

かい説＋問題

● 各単元は，いくつかの小単元に分けてあります。小単元には「問題」，「教科書のドリル」，「テストに出る問題」，「すすんだ問題」があります。

▷「問題」は，学習内ようを理かいするところです。ここで，問題の考え方・とき方を身につけましょう。

▷「コーチ」には，「問題」で勉強することや，覚えておかなければならないポイントなどをのせています。

▷「たいせつポイント」には，大事な事がらをわかりやすくまとめてあります。ぜひ，覚えておいてください。

▷「教科書のドリル」は，「問題」で勉強したことをたしかめるところです。教科書のふく習ができます。

▷「テストに出る問題」は，時間を決めて，テストの形で練習するところです。

▷「すすんだ問題」には，少しむずかしい問題も入っています。中学受験などのじゅんびに役立ててください。

おもしろ算数

● 「おもしろ算数」では，頭の体そうをしましょう。

仕上げテスト

● 本の最後に，テストの形でのせてあります。学習内ようが理かいできたかためしてみましょう。

もくじ

もくじ

別さつ　答えと とき方

1 大きい数のしくみ

教科書のまとめ

☆ 大きい数のしくみ

▶ 億……千万の10倍が一億。さらに，10倍ごとに十億，百億，千億とつづく。

▶ 兆……千億の10倍が一兆。さらに，10倍ごとに十兆，百兆，千兆とつづく。

千 百 十 一	千 百 十 一	千 百 十 一	千 百 十 一
兆	億	万	

10倍　　10倍

☆ 大きい数の読み方

▶ 4けたごとに区切ると，読みやすくなる。

例
億		万	
20	3508	4129

「二十億三千五百八万四千百二十九」
└─ と読む

☆ 整数のしくみ

10倍ごとに位が1つずつ上がり，$\frac{1}{10}$にするごとに位が1つずつ下がる。

例

30億　　3億
10倍
$\frac{1}{10}$

☆ かけ算（3けた×3けた）

かける数が3けたのときも，2けたのときと同じように計算する。

例
```
      248
×     356
     1488  ……248×6の計算
    1240   ……248×50の計算
   744     ……248×300の計算
   88288
```

1 大きい数のしくみ

問題1 大きい数の読み方

下の数は，ある国の予算です。この数を読みましょう。

70347400000000円

| 一 | 千 | 百 | 十 | 一 |
| 兆 | 億 | 億 | 億 | 億 | 万 |

10 10 10 10 10
倍 倍 倍 倍 倍

大きい数は
4けたごとに区切
って読みましょう

考え方 千万の10倍は一億，千億の10倍は一兆です。
大きい数は，右から4けたごとに区切ると，
読みやすくなります。

4けたごとに区切る

位			7	0	3	4	7	4	0	0	0	0	0	0	0	0
	千	百	十	一	千	百	十	一	千	百	十	一	千	百	十	一
			兆				億				万					

答 七十兆三千四百七十四億

問題2 大きい数の書き方

次の数を数字で書きましょう。

(1) 三兆四千六十億

(2) 十兆を7こ，十億を3こ，百万を4こあわせた数

● 大きい数を数字
で書くとき，読ま
ない位には0を書
きます。

考え方 (1) 位の表を書きます。一兆の位に3，千億の位に
4，十億の位に6を書きます。
残りの位は0。

これらの位には
0を書いておく

位			3	4		6										
	千	百	十	一	千	百	十	一	千	百	十	一	千	百	十	一
			兆				億				万					

答 3406000000000

(2) 十兆が7こで70兆，十億が3こで30億，百万が4こで
400万。これらをあわせます。

位		7				3			4							
	千	百	十	一	千	百	十	一	千	百	十	一	千	百	十	一
			兆				億				万					

70兆30億400万

答 70003004000000

たいせつポイント

整数は，4けたごとに新しい単位，万，億，兆がつきます。
整数は10倍すると位が1つ上がり，10分の1にすると位が1つ下がります。

問題3 整数のしくみ

次の数を求めましょう。

(1) 20億を10倍した数　　(2) 3兆を，$\frac{1}{10}$にした数

コーチ

● 整数は，どんな大きい数でも0, 1, 2, 3, 4, 5, 6, 7, 8, 9の数字で表せます。

考え方 整数は10倍するごとに位が1つずつ上がり，$\frac{1}{10}$にするごとに位が1つずつ下がります。

(1) 10倍すると位が1つ上がります。

200億　　　　20億

　　　10倍

答 200億

(2) $\frac{1}{10}$にすると位が1つ下がります。

3兆（30000億）　　　3000億

　　　　$\frac{1}{10}$

答 3000億

どんな整数でも，10倍すると位が1つ上がり，$\frac{1}{10}$にすると位が1つ下がります

問題4 かけ算（3けた×3けた）

遠足のひ用を集めています。
1人分は465円です。
174人分では，何円になるでしょう。

コーチ

● かける数が3けたであっても，計算のしかたは2けたのときと同じです。

考え方 465×174の計算をします。
位を上下にそろえて書きます。一の位からかけていきます。

```
      465
  ×   174
     1860 ………465×4の計算
     3255 ………465×70の計算
     465 …………465×100の計算
    80910
```

答 80910円

一の位からかけていきます

教科書のドリル

答え → 別さつ2ページ

① 〔大きい数の書き方〕次の数を数字で書きましょう。

(1) 三十七億九千二百万

( )

(2) 六十三兆四千八百五十億七千万

( )

(3) 一億を480こ集めた数

( )

(4) 一兆を6こ, 百億を3こあわせた数

( )

② 〔整数のしくみ〕0, 1, 2, 3, …, 9の10この数字を1つずつ使って, 13億にいちばん近い整数をつくりましょう。

( )

③ 〔整数のしくみ〕次の数を求めましょう。

(1) 450億×10

(2) 287兆×10

(3) 6億×100

(4) 5兆÷10

(5) 37兆÷10

(6) 5億÷100

④ 〔かけ算〕次の計算をしましょう。

(1) 248×57

(2) 187×346

(3) 604×967

(4) 407×604

(5) 360×280

(6) 290×350

⑤ 〔かけ算の文章題〕1こ480gのかんづめがあります。
このかんづめ360こ分の重さは, 何gでしょう。

( )

⑥ 〔かけ算の文章題〕174人の子どもが水族館の見学に行きます。ひ用は1人125円です。
全部で何円いるでしょう。

( )

テストに出る問題

答え → 別さつ2ページ
時間20分 合かく点80点

得点 ／100

1 次の数を数字で書きましょう。〔各5点…合計20点〕

(1) 三百五十四億七千百九十一万二百六

〔　　　　　　　　　　　〕

(2) 六兆八百四億三千九十二

〔　　　　　　　　　　　〕

(3) 五億三千九十万

〔　　　　　　　　　　　〕

(4) 一億を7こと，一万を890こあわせた数

〔　　　　　　　　　　　〕

2 次の数を書きましょう。〔各5点…合計20点〕

(1) |兆より|小さい数

〔　　　　　　　〕

(2) 7000億÷|0

〔　　　　　　　　　　〕

(3) 50億×|0

〔　　　　　　　〕

(4) 32兆÷|00

〔　　　　　　　　　　〕

3 〔　〕にあてはまる数を書きましょう。〔各6点…合計|2点〕

(1) |兆は|億の〔　　　　　　　〕倍です。

(2) 7兆は7000億の〔　　　　　　　〕倍です。

4 次の計算をしましょう。〔各6点…合計36点〕

(1) 27兆＋5兆

(2) |億－2000万

(3) 6億×|0

(4) 408×948

(5) 700×706

(6) 806×460

5 0から9までの|0この数字を|つずつ使って書ける|0けたの数のうちで，いちばん大きい数を書きましょう。また，いちばん小さい数を書きましょう。

〔|2点〕

〔　　　　　　　　　　〕，〔　　　　　　　　　　〕

1 次の数を書きましょう。〔各5点…合計20点〕

(1) 1億より10小さい数

〔　　　　　　　〕

(2) 十兆を42こと，百億を650こあわせた数

〔　　　　　　　〕

(3) 4兆3000億の，$\dfrac{1}{10}$と100倍をあわせた数

〔　　　　　　　〕

(4) 8兆の$\dfrac{1}{100}$と，300万の10000倍をあわせた数

〔　　　　　　　〕

2 0，1，3，5，6，7，9の7この数字を1回ずつ使って，次の数をつくりましょう。〔各10点…合計50点〕

(1) 7けたの整数で，いちばん大きい数といちばん小さい数

〔　　　　　　　〕，〔　　　　　　　〕

(2) 5けたの整数で，いちばん大きい数といちばん小さい数

〔　　　　　　　〕，〔　　　　　　　〕

(3) 6けたの整数で，800000にいちばん近い数

〔　　　　　　　〕

3 次の計算をしましょう。〔各5点…合計20点〕

(1) 648×206　　　　　　(2) 410×726

(3) 391×508　　　　　　(4) 702×405

4 かんづめの会社で，1か月に4億8000万このかんづめを作るそうです。
1箱に100こずつつめると，みんなで何箱できるでしょう〔10点〕

〔　　　　　　　〕

すすんだ問題②

答え → 別さつ3ページ
時間**20**分　合かく点**70**点　

① 次のような12けたの整数があります。〔各10点…合計30点〕

$$47\square948650123$$

(1) □の中にいろいろな整数をあてはめます。全部で何通りの12けたの整数ができますか。　〔　　　　　　〕

(2) できる12けたの整数のうちで，いちばん大きい数といちばん小さい数の和と差を求めましょう。　〔　　　　　　〕，〔　　　　　　〕

② 次の数を数字で書きましょう。〔各10点…合計20点〕

(1) 十億より15小さい数　〔　　　　　　〕

(2) 十兆を320こと，千万を180こあわせた数　〔　　　　　　〕

③ ○印がついた数の位は，△印がついた数の位の何倍ですか，または何分の1ですか。〔各5点…合計20点〕

(1) 4̇7̇6843260500　〔　　　　　　〕

(2) 9352476230　〔　　　　　　〕

(3) 1051007000　〔　　　　　　〕

(4) 40582300087　〔　　　　　　〕

④ 次の数はどちらが大きいでしょう。□の中に不等号を書き入れなさい。

〔各5点…合計30点〕

(1) 3678902 □ 983421

(2) 40001 □ 390010

(3) 8万 □ 697541

(4) 46287万 □ 4億

(5) 5億 □ 5001万

(6) 10兆 □ 999999億

まほうの数

1・3・5・7・9

この中から，好きなカードを3まい選んで3けたの数をつくりなさい。

①

①の数の，一の位の数と百の位の数を入れかえなさい。

②

①と②の数をくらべて，大きいほうから小さいほうをひいてみよう。

③

③の数の，一の位の数と百の位の数を入れかえなさい。

④

③と④の数をたすと…！

1089

2 角の大きさ

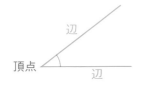

教科書のまとめ

☆ 角の大きさ

▶ 角……1つの頂点から出ている2つの辺がつくる形。

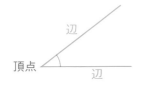

☆ 角のはかり方

▶ 分度器の1めもりの表す大きさは1°（1度）である。

▶ 1°は直角を90等分した大きさ。

　1直角＝90°

　2直角＝180°，4直角＝360°

☆ 回転の角

▶ 半回転したときの角の大きさは2直角（180°）。半回転の角

▶ 1回転したときの角の大きさは4直角（360°）。1回転の角

☆ 角のかき方

▶ 角をかくには，分度器を使う。180°より大きい角もかくことができる。　→15ページ

1 角の大きさ

右の⑤，①の角は，
どちらが大きいでしょう。

コーチ

● 1つの頂点から
出ている2つの辺
がつくる形を
角
といいます。

考え方 角の大きさをはかるには，分度器を使います。
1めもりの表す角の大きさを1°（1度）といいます。

〔角の大きさのはかり方〕
① 角の頂点に，分度器の中心を
合わせます。
② 角の1つの辺と，分度器の0の
線を合わせます。

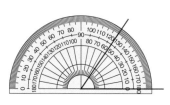

● 角の大きさのこ
とを**角度**ともいい
ます。

③ もう1つの辺と重なる分度器のめもりを読みます。上の
図では，⑤の大きさは55°，①の大きさは50°。

答 ⑤の角

時計の長いはりが，次の時間に回る角の大きさは何度
でしょう。
　　　(1) 15分　　(2) 30分　　(3) 60分

コーチ

半回転……180°
1回転……360°

1直角＝90°

考え方 時計の図をかいて考えましょう。

(1) 15分　　　　　(2) 30分　　　　　(3) 60分

答 (1) 90°　(2) 180°　(3) 360°

もっと
くわしく
時計の長いはりは1時間に360°回転します。
短いはりは1時間に30°回転します。

半回転の角の大きさ……180°，1回転の角の大きさ……360°
これを利用すると，どんな大きさの角もかくことができます。

問題3 角のかき方

分度器と三角じょうぎを使って，65°の大きさの角を
かきましょう。

180°より小さい角をかくときは，次のようにし
ます。
① 角の1つの辺をかき，頂点を決めます。
② 頂点に分度器の中心をおき，①の辺と分度器
の0の線を重ねます。
③ 分度器のめもりの65°のところに点をうちます。
④ うった点と頂点を結びます。 **答** 下の図

〔180°より大き
い角のかき方〕
①180°をもとに
してかきます。

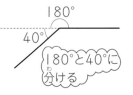

②360°をもとに
してかきます。

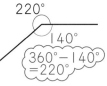

問題4 三角じょうぎの角

右の図は，1組の三角じょうぎ
を重ねたものです。あ，いの角
の大きさは何度でしょう。

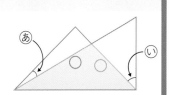

● 1組の三角じょ
うぎは，2まいの
直角三角形からで
きています。
3つの角の大きさ
は，左の図のよう
になっています。

三角じょうぎのそれぞれの角の大きさは，次のよ
うになっています。

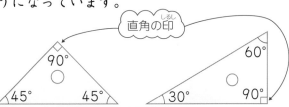

あ……45°−30°＝15°
い……90°−45°＝45° **答** あ15° い45°

1組の三角じょうぎを使うと，下のような大きさの角をか
くことができます。
15°，75°，105°，120°，135°，150°

教科書のドリル

答え → 別さつ4ページ

1 〔角のはかり方〕次の角の大きさをはかりましょう。

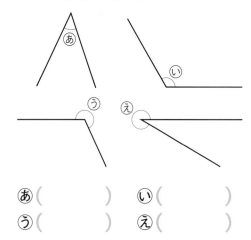

あ（　　　　　）　い（　　　　　）
う（　　　　　）　え（　　　　　）

2 〔角の大きさ〕次のあ〜えの角の大きさは，それぞれ何度でしょう。

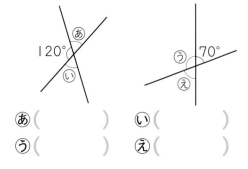

あ（　　　　　）　い（　　　　　）
う（　　　　　）　え（　　　　　）

3 〔時計のはりの回転〕時計の長いはりは，次の時間に，それぞれ何度回転しますか。

(1)　10分　　　　(2)　55分
　（　　　　　）　　（　　　　　）

4 〔直角〕□をうめましょう。

(1)　2直角 = [　　] °
(2)　[　　] 直角 = 270°

5 〔角のかき方〕分度器を使って，次の大きさの角をかきましょう。

(1)　75°　　　(2)　250°

6 〔角度の計算〕次の計算をしなさい。

(1)　30° + 60°
(2)　123° + 147°
(3)　360° − 270°
(4)　345° − 55°

7 〔三角じょうぎの角〕次のあ〜えの角の大きさは何度でしょう。

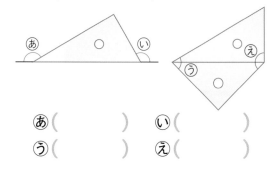

あ（　　　　　）　い（　　　　　）
う（　　　　　）　え（　　　　　）

8 〔角の文章題〕次の問いに答えましょう。

(1)　2つの辺の開きが一直線となるのは何度ですか。

　　　　　　　　（　　　　　）

(2)　直線が1回転すると，何度までわったことになりますか。

　　　　　　　　（　　　　　）

テストに出る問題

答え → 別さつ4ページ
時間30分　合かく点80点

得点 ／100

1 次の角の大きさをはかりましょう。〔各5点…合計20点〕

(1) 〔　　　　〕　　(2) 〔　　　　〕　　(3) 〔　　　　〕　　(4) 〔　　　　〕

2 次のあ～おの角の大きさは何度でしょう。〔各6点…合計30点〕

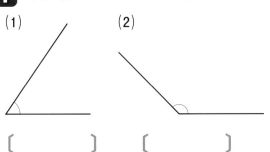
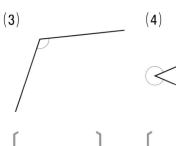

あ〔　　　　〕　い〔　　　　〕　う〔　　　　〕　え〔　　　　〕　お〔　　　　〕

3 時計の長いはりが，次の時間に回る角の大きさは何度でしょう。

〔各5点…合計20点〕

(1) 20分〔　　　　〕　　　(2) 35分〔　　　　〕

(3) 45分〔　　　　〕　　　(4) 1時間〔　　　　〕

4 点アを頂点として，次の大きさの角をかきましょう。〔各10点…合計30点〕

(1)　　　　　　　　　　(2)　　　　　　　　　　(3)

ア　　　　　　　　　　　　　　　　　　　　　ア　　　　　300°

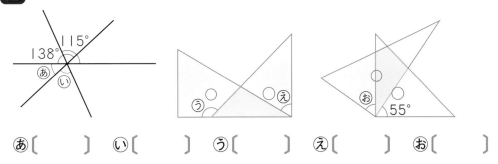

ア　　85°　　　　　　　ア　　145°

すすんだ問題

1 次の〔　　〕にあてはまる数を書きましょう。〔各4点…合計28点〕

(1) 直線が1回転してできる角の大きさは〔　　〕°で，半回転してできる角の大きさは〔　　〕°です。

(2) 時計の長いはりは1分間に〔　　〕°，短いはりは1時間に〔　　〕°回ります。

(3) 140°は〔　　〕直角と〔　　〕°をあわせた角度。

(4) 320°は3直角と〔　　〕°をあわせた角度。

2 次の問いに答えましょう。〔各4点…合計16点〕

(1) 時計の長いはりが，次の時間に回る角の大きさは何度でしょう。
　①12分〔　　〕　　②59分〔　　〕

(2) 時計の長いはりが，次の角度を回るとき何分たっているでしょう。
　①42°〔　　〕　　②258°〔　　〕

3 下の図のように長方形の紙を折りました。あ〜えの角度は何度でしょう。

〔各8点…合計32点〕

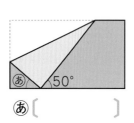 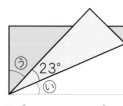 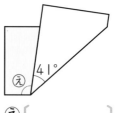

あ〔　　〕　　い〔　　〕　　え〔　　〕

う〔　　〕

4 次の時計で，長いはりと短いはりの間の角の大きさは何度でしょう。

〔各8点…合計24点〕

(1)  (2) (3)

〔　　〕　　〔　　〕　　〔　　〕

3 わり算の筆算(1)

教科書の
まとめ

★ 何十, 何百のわり算

$$80 \div 4 = 20$$
$$800 \div 4 = 200$$

8÷4=2をもとにする

★ わり算の筆算(1)

▶ 83÷6(2けた÷1けた)

```
    1         1         13
6)83      6)83      6)83
  6    →    6    →    6
           23        23
                     18
                      5
```

★ わり算の筆算(2)

▶ 253÷7(3けた÷1けた)

百の位に
商はたた
ない

```
      3           36
7)253       7)253
  21    →     21
   4          43
              42
               1
```

★ 倍の計算

▶ 何倍かを考えるときは, もと
になる数でわる。

$$48 \div 6 = 8 \quad \rightarrow \quad 48は6の8倍$$

19

1 わり算（1）

コーチ

問題1 120÷4のわり算

4人で同じ金がくのお金を出しあって，120円のキャンディーを買います。
1人分は，何円になるでしょう。

● 120÷4の答えは12÷4＝3をもとにして計算します。

120→10が12こ
120÷4
→10が（12÷4）こ
→10が3こ

考え方 120÷4の計算をします。
120円は10円玉が12まいです。
12まいを4つに分けます。

120÷4＝30

答 30円

$$12÷4＝\ 3$$
$$120÷4＝30$$

● わり算の答えを商といいます。

● かけ算の答えを積といいます。

問題2 あまりのないわり算の筆算

75このおはじきを，3人で同じ数ずつ分けると，1人分は何こになるでしょう。

コーチ

考え方 75÷3の計算をします。
下の筆算から，75÷3＝25

答 25こ

● わり算の筆算では，どの位から商がたつかに，気をつけましょう。

| 75÷3の筆算 |

7÷3で
2を
たてる

3×2＝6
7から6を
ひいて1

5をおろす

15÷3で
5をたてる

3×5＝15
15から15
をひいて0

あまりのあるわり算では，

| わる数 | × | 商 | + | あまり | = | わられる数 | の関係がある

問題**3** あまりのあるわり算の筆算

94まいの色紙を，4人で同じように分けると，1人分は何まいになって，何まいあまるでしょう。

● わり算では，左の位から1けたずつ計算をすすめます。

 下の筆算から，94÷4の答えは23あまり2

答 1人分は23まいで，2まいあまる

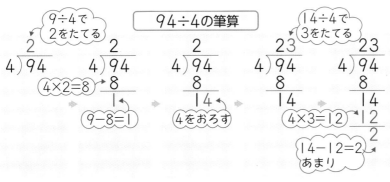

● あまりのあるわり算では，

| わる数 | × | 商 | + | あまり | = | わられる数 |

の関係があります。

たしかめ

$4 × 23 + 2 = 94$ ◀……… 正しい

わる数　商　あまり　わられる数

問題**4** 商に0がある筆算

83本のえんぴつを，1人4本ずつ分けると，何人に分けることができて，何本あまるでしょう。

● 筆算のとちゅうで，わる数よりわられる数が小さくなったら，0を書きます。
● 商に0がたつときは，計算を省けます。

 下の筆算から，83÷4＝20あまり3

答 20人に分けられて，3本あまる

$$\begin{array}{r} 20 \\ 4\overline{)83} \\ 8 \\ \hline 3 \\ \boxed{\begin{array}{c}0\\3\end{array}} \end{array}$$

↑書かなくてよい。

たしかめ $4×20+3=83$ ◀……… 正しい

教科書のドリル

答え → 別さつ5ページ

① 〔2けた÷1けたの筆算〕

次のわり算をしましょう。

(1)
$$7 \overline{)84}$$

(2)
$$6 \overline{)96}$$

(3)
$$3 \overline{)87}$$

(4)
$$2 \overline{)90}$$

(5)
$$5 \overline{)92}$$

(6)
$$3 \overline{)61}$$

(7)
$$6 \overline{)80}$$

(8)
$$2 \overline{)47}$$

(9)
$$6 \overline{)65}$$

(10)
$$2 \overline{)41}$$

(11)
$$9 \overline{)98}$$

(12)
$$3 \overline{)91}$$

② 〔子どもをグループに分ける〕

56人の子どもがいます。同じ人数ずつ4つのグループに分けると，1つのグループは何人になるでしょう。

（　　　　　　　）

③ 〔1人がもらえる数とあまり〕

98このチョコレートがあります。

8人の子どもに同じ数ずつ分けると，1人が何こもらえて，何こあまるでしょう。

（　　　　　　　）

④ 〔画用紙の分け方〕

画用紙が90まいあります。

(1) 1人に3まいずつ配ると，何人に配ることができるでしょう。

（　　　　　　　）

(2) 1人に5まいずつ配ると，何人に配ることができるでしょう。

（　　　　　　　）

1 次のわり算をしましょう。〔各5点…合計20点〕

(1)　　　　　　(2)　　　　　　(3)　　　　　　(4)

$4\overline{)92}$　　　$5\overline{)80}$　　　$3\overline{)85}$　　　$3\overline{)92}$

2 96ページある本を，毎日同じページずつ読んで，4日間で読み終わりたいと思います。
1日に何ページずつ読めばよいでしょう。〔20点〕

〔　　　　　　　　　〕

3 赤いおはじきが63こ，青いおはじきが21こあります。どちらのおはじきも同じ数ずつ3人に分けると，1人分のおはじきは，赤と青，あわせて何こになるでしょう。〔20点〕

〔　　　　　　　　　〕

4 56人の子どもがいます。3人ずつ長いすにすわっていくと，長いすは何きゃく必要ですか。〔20点〕

〔　　　　　　　　　〕

5 さやさんは18まい，ゆきさんは12まいの折り紙を持っています。2人とも同じ数になるようにするには，さやさんはゆきさんに折り紙を何まいあげればよいでしょう。〔20点〕

〔　　　　　　　　　〕

2 わり算(2)

問題 ❶ あまりのない3けたのわり算

ある小学校の子どもの数は528人です。4日間で全員の健康しんだんをします。1日何人ずつすればよいでしょう。

コーチ

● 2けた÷1けたのときと同じようにします。

考え方　528÷4の筆算は下のようになります。

528÷4＝132　　　　　　　　**答**　132人

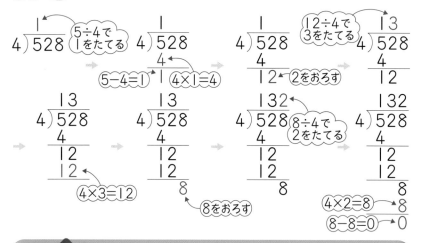

問題 ❷ あまりのある3けたのわり算

たまごが752こあります。
このたまごを6こずつケースに入れると、何ケースできて、何こあまるでしょう。

コーチ

● 752÷6の答えは125あまり2です。

● 2けたのときと同じように、計算のたしかめができます。

考え方　752÷6を筆算でします。

752÷6＝125あまり2　　　　**答**　125ケースできて2こあまる

たしかめ

6×125＋2＝752
正しい

わり算の筆算では，はじめの位に商がたたないときは，あけておきます。
とちゅうの位に商がたたないときは，0をかきます。

問題3 185÷5のわり算

画用紙が185まいあります。
1人に5まいずつあげると，何人にあげられるでしょう。

 コーチ

● はじめの位に商がたたないときは，あけておきます。とちゅうの位に商がたたないときは，0を書きます。

 185÷5の筆算は下のようになります。百の位に商はたたないので気をつけましょう。

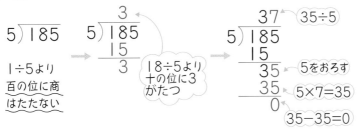

$$5)\overline{185}$$

1÷5より百の位に商はたたない

$$
\begin{array}{r}
3 \\
5)\overline{185} \\
\underline{15} \\
3
\end{array}
$$

18÷5より十の位に3がたつ

$$
\begin{array}{r}
37 \\
5)\overline{185} \\
\underline{15} \\
35 \\
\underline{35} \\
0
\end{array}
$$

35÷5
5をおろす
5×7=35
35−35=0

$$185÷5=37$$

答 37人

問題4 2けた÷1けた（商が2けた）

あるクラスで落ち葉を集めました。子ども全員で91まい，先生は1人で7まい集めました。子ども全員が集めた落ち葉は，先生が集めた落ち葉の何倍ですか。

 コーチ

● 何倍かを考える問題では，もとになる数を見つけることが重要です。

 もとになる数が7なので，91÷7の計算をします。

$$
\begin{array}{r}
1 \\
7)\overline{91} \\
\underline{7} \\
2
\end{array}
$$

9÷7より十の位に1がたつ

$$
\begin{array}{r}
13 \\
7)\overline{91} \\
\underline{7} \\
21 \\
\underline{21} \\
0
\end{array}
$$

21÷7
1をおろす
7×3=21
21−21=0

$$91÷7=13$$

答 13倍

 たしかめ

なれてきたら，91を70と21に分けて
70÷7=10　21÷7=3　10+3=13
と暗算できるようにしよう。

教科書のドリル

答え→別さつ6ページ

① 〔3けたのわり算〕

次のわり算をしましょう。

(1)　5〉975

(2)　8〉952

(3)　7〉952

(4)　8〉848

② 〔3けたのわり算〕

次のわり算をしましょう。

(1)　6〉845

(2)　4〉806

(3)　7〉860

(4)　6〉632

③ 〔3けたのわり算〕

次のわり算をしましょう。

(1)　5〉210

(2)　3〉167

(3)　7〉483

(4)　8〉651

④ 〔全体の代金から1この代金を求める〕

りんごを8こ買って，代金を920円はらいました。
りんごは1こ何円でしょう。

（　　　　　　）

⑤ 〔1台のバスに乗る人数を求める〕

遠足で，270人が同じ人数ずつ，6台のバスに分かれて乗ります。
1台のバスに，何人ずつ乗ればよいでしょう。

（　　　　　　）

⑥ 〔何倍かを求める〕

木の高さは7mで，山の高さは574mです。山の高さは木の高さの何倍ですか。

（　　　　　　）

テストに出る問題

1 次のわり算をしましょう。〔各5点…合計20点〕

(1)　　　　　　(2)　　　　　　(3)　　　　　　(4)

$4\overline{)996}$　　　$3\overline{)968}$　　　$6\overline{)745}$　　　$5\overline{)741}$

2 次のわり算をしましょう。〔各5点…合計20点〕

(1)　　　　　　(2)　　　　　　(3)　　　　　　(4)

$7\overline{)59}$　　　$6\overline{)533}$　　　$9\overline{)763}$　　　$8\overline{)563}$

3 まゆみさんの家にはカードが222まいあります。9まい1組にしてお友だちにプレゼントしますが，あまったカードは妹と半分ずつもらえます。まゆみさんはカードを何まいもらえるでしょう。〔15点〕

〔　　　　　　〕

4 576このみかんを9この箱に同じ数ずつ入れました。そのうちの1つを家族4人で同じ数ずつ食べます。1人何こ食べられるでしょう。〔15点〕

〔　　　　　　〕

5 下の表はテニスとサッカーのクラブの定員と希望者の数を表したものです。希望者の数が定員の何倍かを考えると，定員とくらべて希望者の数が多いのは，どちらのクラブといえるでしょうか。

〔15点〕

クラブ	定員(人)	希望者(人)
テニス	12	36
サッカー	24	48

〔　　　　　　〕

6 だいきさんは魚を36ぴきつりました。だいきさんはお兄さんの3倍の魚をつったことになりました。お兄さんは何びきつりましたか。〔15点〕

〔　　　　　　〕

すすんだ問題

1 次のわり算をしましょう。〔各5点…合計40点〕

(1)

$5 \overline{)83}$

(2)

$6 \overline{)701}$

(3)

$4 \overline{)321}$

(4)

$9 \overline{)252}$

(5)

$9 \overline{)400}$

(6)

$8 \overline{)704}$

(7)

$7 \overline{)720}$

(8)

$3 \overline{)920}$

2 けんとさんは2500円持っていました。お友だち2人といっしょに，3人で同じ金がくのお金を出しあって975円の本を買いました。けんとさんが今持っているお金は何円でしょう。〔12点〕

〔　　　　　〕

3 みさきさんはえん筆を37本持っています。お姉さんは48本，妹は25本持っています。そこへお母さんから，3人で16本もらったので，3人が同じ本数のえん筆を持つように分けなおすことにしました。1人何本になったでしょう。〔12点〕

〔　　　　　〕

4 〔　　　〕にあてはまる数を書きましょう。〔各9点…合計36点〕

256ページの本を9日間かけて読もうと思います。1日に読むページ数は，毎日同じというわけにはいきませんが，できるだけ同じにしようとすると，1日に読むページ数は，少ない順に〔(1)　　　〕ページか〔(2)　　　〕ページです。

このとき，〔(1)　　　〕ページ読むのは〔(3)　　　〕日，〔(2)　　　〕ページ読むのは〔(4)　　　〕日です。

4 垂直・平行と四角形

教科書の
まとめ

★ 直線の交わり方とならび方

▶ 2つの直線が交わってできる角度が直角であるとき，2つの直線は垂直である。

▶ 1つの直線に垂直な2つの直線は，平行である。

▶ 平行な2つの直線のはばは，どこも等しい。また，どんなにのばしても交わらない。

★ いろいろな四角形

台形…向かい合った1組の辺が平行な四角形

平行四辺形…向かい合った2組の辺がどちらも平行な四角形

ひし形…4つの辺の長さがすべて等しい四角形

長方形…4つの角が直角である四角形

正方形…4つの辺の長さが等しく，4つの角が直角である四角形

1 直線の交わり方とならび方

問題 1 垂直な直線

右の図で，直線あに垂直な直線はどれでしょう。あてはまるものをすべて選びましょう。

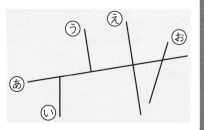

コーチ

● 2本の直線が交わってできる角が，直角のとき，この2本の直線は，**垂直**であるといいます。三角じょうぎの直角の部分を使って調べられます。

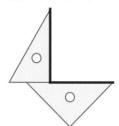

考え方 垂直であるかどうかは，三角じょうぎや分度器を使って直角に交わっている直線はどれかを調べます。

2つの直線が直角に交わるとき，垂直です。
うとえがあに垂直な直線です。

答 直線う，え

問題 2 平行な直線

右の図で，平行になっている直線は，どれとどれでしょう。

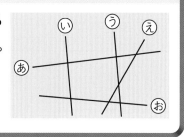

コーチ

● 1つの直線に垂直な2つの直線は**平行**であるといいます。平行な直線は三角じょうぎの直角の部分を使って調べられます。

考え方 平行であるかどうかは，1組の三角じょうぎを使って調べます。

1つの直線に2つの直線が垂直に交わっていれば，この2つの直線は平行です。

三角じょうぎがずれないように気をつけよう。

線が短いときは，のばしてはかる

ずらす

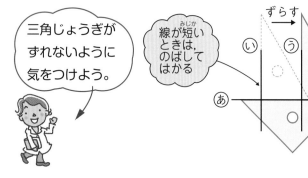

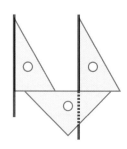

答 直線いとう

たいせつポイント
2本の直線が交わってできる角が直角のとき，2本の直線は垂直。
1本の直線に垂直な2本の直線は平行。

問題3　垂直な直線や平行な直線のかき方

点アを通り，直線�に垂直な直線をかきましょう。
また，点アを通って，直線COに平行な直線をかきましょう。

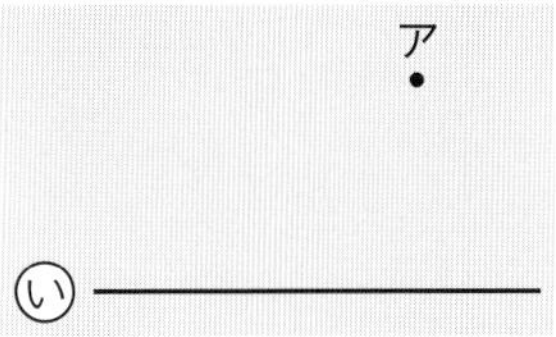

● 垂直な直線や平行な直線をかくときは1組の三角じょうぎを使います。
2まいの三角じょうぎがずれないよう，ぴったりとあわせて使うことがコツです。

考え方 答

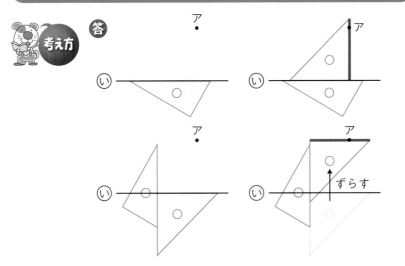

問題4　長方形のかき方

三角じょうぎを使って，右の図のようなたて4cm，横6cmの長方形をかきましょう。

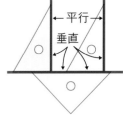

● 長方形のとなり合った2つの辺は垂直，向かい合った辺は平行です。
● 2本の垂直な直線と平行な直線をうまく組み合わせて，長方形をかくことができます。
● このマークは，角度が直角(90°)であることを示します。

考え方　平行・垂直に目をつけてかきましょう。下のように➡・⇨の2通りのかき方があります。

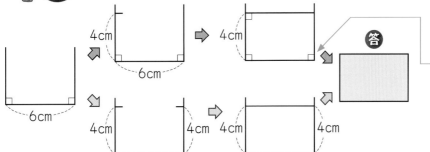
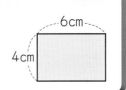

教科書のドリル

答え→別さつ9ページ

❶ 〔垂直と平行〕下の図のような直線があります。垂直な直線はどれとどれでしょう。また、平行な直線はどれとどれでしょう。

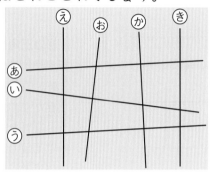

垂直（　　　　　　　）

平行（　　　　　　　）

❷ 〔垂直な直線のかき方〕 下の図で、点イを通って、直線あに垂直な直線をかきましょう。

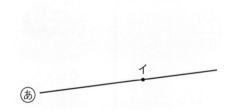

❸ 〔垂直と平行〕下の図を見て、（　）にあてはまる言葉を入れましょう。

(1) 直線あといは
　　（　　　　　）です。

(2) 直線あとうは
　　（　　　　　）です。

❹ 〔垂直な直線や平行な直線のかき方〕

　下の図で、点アを通って、直線いに垂直な直線をかきましょう。また、点ウを通って、直線えに平行な直線をかきましょう。

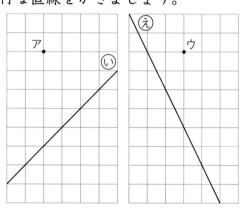

❺ 〔平行線のせいしつ〕次の（　　　）に、てき当な言葉を入れましょう。
右下の2つの図で、直線あとい、うとえは平行です。

(1) あといに垂直な直線をひいたときにできるはば(ア)、(イ)は（　　　　）です。

(2) うとえにななめの直線をひいたときにできる角(ウ)、(エ)の大きさは（　　　　）です。

❻ 〔長方形のかき方〕たて3cm、横4cmの長方形をかきましょう。

テストに出る問題

答え → 別さつ9ページ

時間**20**分　合かく点**75**点　得点 ／**100**

1 右の図について，答えましょう。〔各10点…合計20点〕

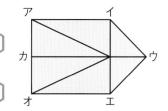

(1) 直線アイに平行な直線はどれですか。

〔　　　　　〕

(2) 直線イエに垂直な直線はどれですか。

〔　　　　　〕

2 右の図のような直線⑤と点イ，ウがあります。点イを通って，直線⑤に垂直な直線をかきましょう。また，点ウを通って，今ひいた直線に平行な直線をかきましょう。

〔各15点…合計30点〕

3 次の〔　　　　〕の中に，あてはまる言葉や数を入れましょう。

〔各5点…合計20点〕

(1) ⑤と①の直線を垂直にかき，①と⑤の直線も垂直にかきます。このとき，⑤と⑤の直線は〔　　　　〕です。

(2) ⑤と①の直線を平行にかき，①と⑤の直線を垂直にかきます。このとき，⑤と⑤の直線は〔　　　　〕です。

(3) 右の図で，⑤と①の直線は平行です。⑤と①に垂直な線をひくと，はば（ア）の長さは3cmでした。このとき（イ），（ウ）の長さはともに〔　　　　〕です。

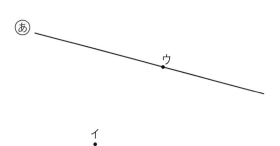

(ア)　(イ)　(ウ)

(4) 右の図で，⑤，①，⑤の直線は平行です。これにななめの直線をひくと，（ア）の角度は60°でした。このとき，（イ），（ウ）の角度はともに〔　　　　〕です。

(ア)
(イ)
(ウ)

4 次の形をかきましょう。〔各15点…合計30点〕

(1) 1辺が2.5cmの正方形

(2) たて2cm，横3cmの長方形

②いろいろな四角形

問題1 台形

三角じょうぎと長方形のテープを，下のように重ねたところに，四角形ができました。

(1) できた四角形で，平行な直線の組は，何組あるでしょう。

(2) できた四角形は，どんな形になるでしょう。

考え方 長方形の向かい合った2組の辺は，平行です。

(1) 重なってできた四角形では，向かい合った1組の辺が平行です。 **答** 1組

(2) 向かい合った1組の辺が平行な四角形を，台形といいます。 **答** 台形

コーチ

● 向かい合った1組の辺が平行な四角形を **台形** といいます。

問題2 平行四辺形

はばのちがう2まいの長方形の紙を重ねて，四角形を作りました。できた四角形は，どんな形になるでしょう。また，この四角形に平行な直線の組は，何組あるでしょう。

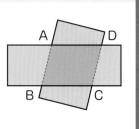

考え方 長方形の向かい合った辺は平行です。できた四角形ABCDで，

- ・辺ABと辺DCは平行
- ・辺ADと辺BCは平行

向かい合った2組の辺が平行な四角形を，平行四辺形といいます。 **答** 平行四辺形，2組

コーチ

● 向かい合った2組の辺が平行な四角形を **平行四辺形** といいます。

● どんな平行四辺形でも
①向かい合った2組の辺の長さは等しい。
②向かい合った2組の角の大きさは等しい。

もっとくわしく 平行四辺形は，長方形をおしつぶした形をしています。

向かい合った1組の辺が平行な四角形を台形，2組の辺が平行な四角形を
平行四辺形，4辺がどれも等しい長さの四角形をひし形といいます。

問題3 ひし形

右の図のように，同じ半径の円を2つ
かき，2つの円が交わった点と円の
中心を直線でつなぎ，四角形をかきま
す。できる四角形は，どんな形になる
でしょう。

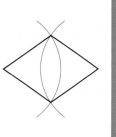

コーチ

● 4つの辺がどれ
も等しい長さの四
角形を
　　　ひし形
といいます。

● ひし形の向かい
合った2組の辺は
平行で，向かい合
った角の大きさは
等しい。

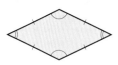

考え方　2つの円は同じ大きさなので，半径は等しくなり
ます。四角形の4つの辺は，どれも円の半径だから，
長さが等しいわけです。

4つの辺の長さが等しい四角形をひし形といいます。

答　ひし形

問題4 四角形の対角線

右の図の2本の直線は，
ある四角形の対角線を
表しています。それぞ
れ何という四角形でし
ょう。

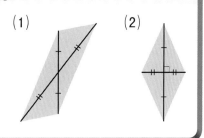

(1)　(2)

コーチ

● 四角形の向かい
合った頂点を結ん
だ直線を
　　　対角線
といいます。

● どんな四角形に
も，対角線は2本
あります。

考え方　(1)　2本の対角線がそれぞれの真ん中の点で交わっ
ているので，平行四辺形です。

答　平行四辺形

(2)　2本の対角線がそれぞれの真ん中の点で，垂直に交わって
いるので，ひし形です。

答　ひし形

もっと
くわしく

四角形の2本の対角線は
　平行四辺形……真ん中の点で交わっている
　ひし形……真ん中の点で，垂直に交わっている
　長方形……長さが等しく，真ん中の点で交わっている
　正方形……長さが等しく，真ん中の点で垂直に交わっ
　　　　　　ている

教科書のドリル

答え→別さつ9ページ

❶ 〔台形〕次の図の中から、台形をさがしましょう。

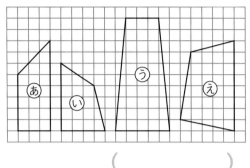

（　　　　　　　　）

❷ 〔平行四辺形〕下の四角形は、平行四辺形です。

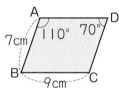

(1) 角B、角Cは、それぞれ何度でしょう。

角B（　　　　）、角C（　　　　）

(2) 辺AD、辺CDは、それぞれ何cmでしょう。

辺AD（　　　　）、辺CD（　　　　）

❸ 〔ひし形〕右の四角形はひし形です。

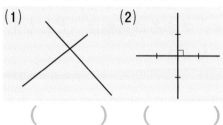

(1) 角C、角Dは、それぞれ何度でしょう。

角C（　　　　）、角D（　　　　）

(2) 辺CDは何cmでしょう。

（　　　　　　　　）

❹ 〔四角形と対角線〕(1)〜(6)の図は、四角形の対角線を表しています。どんな四角形の対角線でしょう。下の「四角形の分類」の図を見て、ア〜カの記号で答えましょう。

(1)　　　　　　　　(2)

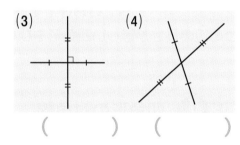

（　　　　）　（　　　　）

(3)　　　　　　　　(4)

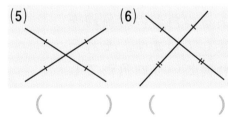

（　　　　）　（　　　　）

(5)　　　　　　　　(6)

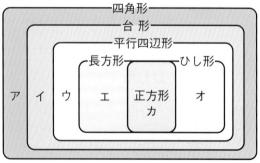

（　　　　）　（　　　　）

●四角形の分類

四角形					
	台形				
		平行四辺形			
			長方形		ひし形
ア	イ	ウ	エ	正方形 カ	オ

台形はイ、平行四辺形はウ、長方形はエ、ひし形はオを指すことにします。

テストに出る問題

答え➡別さつ10ページ
時間**20**分　合かく点**80**点　得点　／100

1 次の四角形は，それぞれ何という四角形でしょう。〔各5点…合計20点〕

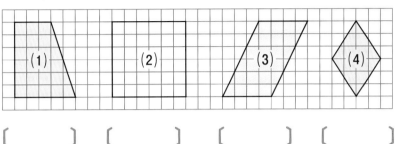

〔　　　　　〕　〔　　　　　〕　〔　　　　　〕　〔　　　　　〕

2 右の⑤，⑥のような三角形が，それぞれ2まいずつあります。次のような場合，どのような四角形ができるでしょう。台形，平行四辺形，長方形，ひし形，正方形から選びましょう。〔各10点…合計20点〕

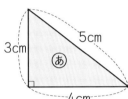

(1) ⑤を2まい使うとき　〔　　　　　　　　〕

(2) ⑥を2まい使うとき　〔　　　　　　　　〕

3 次の〔　　　　〕に，あてはまることばを書きましょう。〔各5点…合計25点〕

(1) 向かい合った1組の辺が，平行な四角形を〔　　　　〕といいます。

(2) 向かい合った2組の辺が，どちらも平行になっている四角形を〔　　　〕といいます。

(3) 辺の長さがみんな等しい四角形を〔　　　　〕といいます。

(4) 平行四辺形の向かい合った角の大きさや，向かい合った〔　　　　〕の長さは等しい。

(5) ひし形の2つの対角線は〔　　　　〕に交わり，しかも，それぞれ真ん中の点で交わっています。

4 右の平行四辺形を見て，角⑤，⑥の大きさを求めましょう。〔各10点…合計20点〕

⑤〔　　　　　　〕⑥〔　　　　　　〕

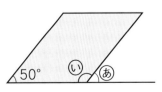

5 対角線の長さが5cmと4cmのひし形をかきましょう。〔15点〕

すすんだ問題①

1 右の図で，直線あといは，直線うとえはともに平行です。〔各10点…合計30点〕

(1) アの角度は何度でしょう。　〔　　　〕

(2) ウの角度は何度でしょう。　〔　　　〕

(3) イとウの角度の和は何度になるでしょう。
〔　　　〕

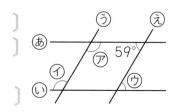

2 下の図で，直線あに平行な直線はどれですか。また，直線いに垂直な直線はどれですか。〔各10点…合計20点〕

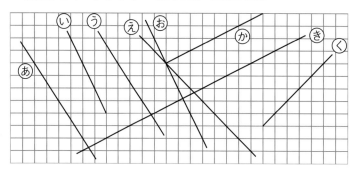

あに平行　〔　　　　　　〕

いに垂直　〔　　　　　　〕

3 下の図で，それぞれの四角形に頂点アを通る直線をひいて，それぞれの形をつくりましょう。〔各5点…合計20点〕

(1)
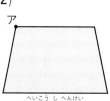
（台形）

(2)
（平行四辺形）

(3)
（ひし形）

(4)
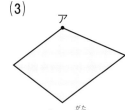
（長方形）

4 (1)は平行四辺形，(2)はひし形です。残りの角の大きさや，辺の長さをいいましょう。〔各15点…合計30点〕

(1)
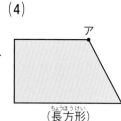
6cm
4cm
50°

(2)
120°
5cm

すすんだ問題②

答え→別さつ11ページ
時間30分　合かく点70点　得点　／100

1 次の文で正しいものには○を，正しくないものには×をつけましょう。

〔各6点…合計30点〕

(1)〔　　〕台形の向かい合った2組の辺の長さは同じです。

(2)〔　　〕ひし形では，向かい合った2組の辺が平行です。

(3)〔　　〕平行四辺形の4つの辺の長さは，どれも同じです。

(4)〔　　〕台形では，向かい合った1組の辺が平行です。

(5)〔　　〕平行四辺形では，向かい合った角の大きさは同じです。

2 右の図はひし形です。□にあてはまる数をかきましょう。〔各5点…合計20点〕

あ〔　　　〕°　い〔　　　〕cm

う〔　　　〕cm　え〔　　　〕°

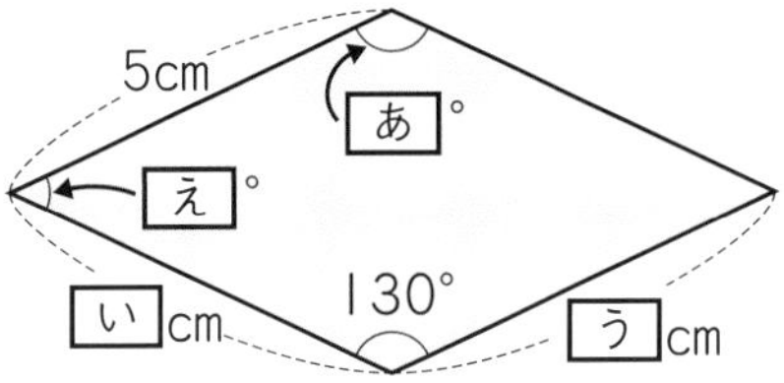

5cm
あ °
え °
130°
い cm
う cm

3 右の図は，正方形と長方形を使ってかいたものです。辺CFに垂直な辺，平行な辺はそれぞれどの辺でしょう。〔各10点…合計20点〕

垂直〔　　　　　〕　平行〔　　　　　〕

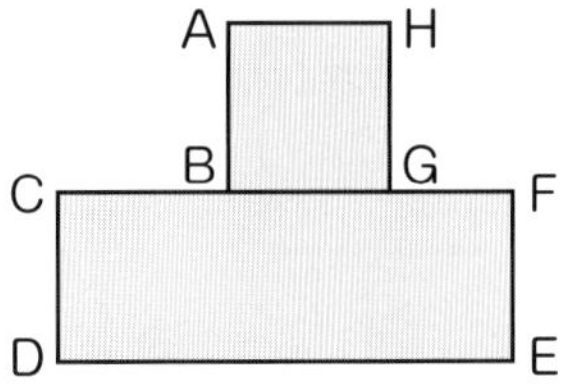

A
H
B
G
C
F
D
E

4 辺の長さが2cmと3cmで，角の1つが50°の平行四辺形をかきましょう。

〔10点〕

5 右の図は長方形と平行四辺形の中に直線をひいたものです。

〔各10点…合計20点〕

(1)　(2)

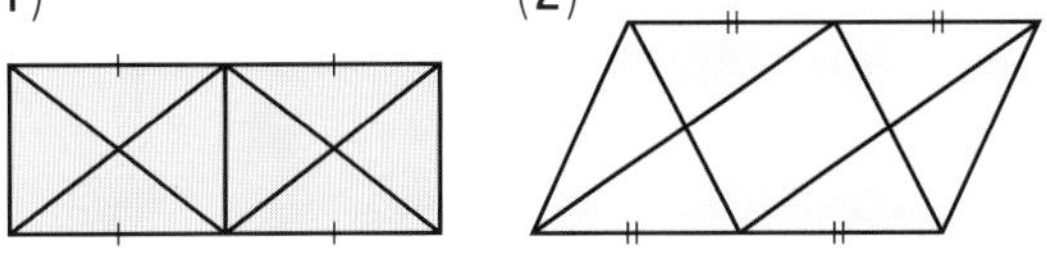

(1)の図の中には，どんな四角形がありますか。〔　　　　〕

(2)の図の中には，平行四辺形がいくつありますか。〔　　　　〕

プレゼントはどれ？

のりこさんのクラスには，9月生まれのお友だちが4人います。どんなプレゼントをもらえるか，下のあみだをたどって当てましょう。ただし，すすんでいるとちゅうで図形が出てきたらその図形の名前のところに，図形の名前がでてきたらその図形のところにジャンプします。

答え➡141ページ

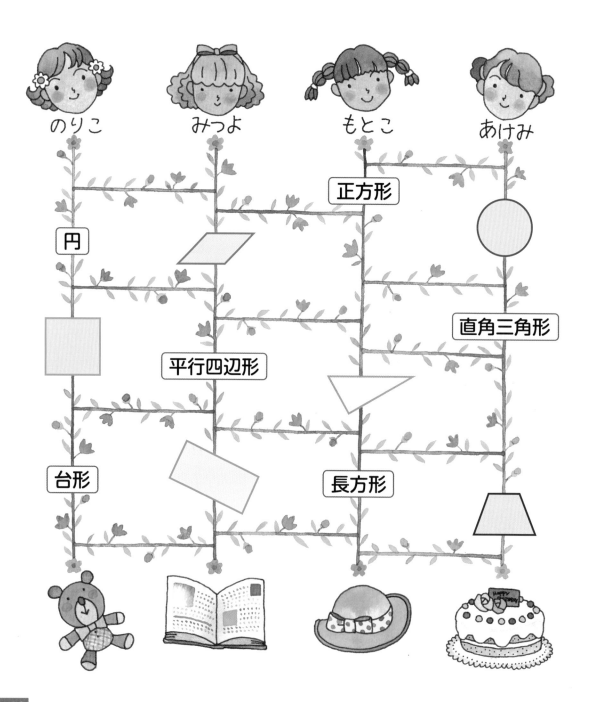

5 折れ線グラフ

教科書の
まとめ

☆ 折れ線グラフ

▶ 右のような変わり方のようすを表したグラフ。

へやの温度

（度）
20
10
0
　8 10 12 2 4 6（時）
　午前　　午後

▶ 折れ線のかたむきが急なほど，変わり方が大きい。

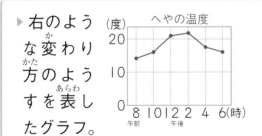

ふえる	変わらない	へる
右上がり	横ばい	右下がり

☆ 折れ線グラフのかき方

① たてじくに量をとり，横じくに事がらをとる。

② 1めもりの大きさを決める。

③ それぞれの量を点で表す。

④ 点と点を直線でつなぐ。

▶ 変わり方が少ないときは，とちゅうで切るとよい。

へやの温度

（度）
20
15
0
　8 10 12 2 4 6（時）
　午前　　午後

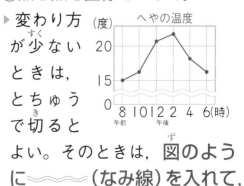

そのときは，図のように〜〜〜〜（なみ線）を入れて，わかるようにしておく。

コーチ

● 変わっていくものようすをグラフに表すには
折れ線グラフを使います。

問題1 折れ線グラフの読み方(1)

右のグラフは，池の水温を調べたものです。

(1) 午前11時の水温は，何度でしょう。

(2) 水温がいちばん高い時こくと，そのときの水温を求めましょう。

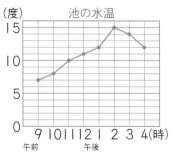

（度）　　　池の水温

考え方

(1) たてじくの1めもりは1度です。
　　午前11時の水温は10度です。　**答** 10度

(2) 水温がいちばん高い点の，たてのじく，横のじくのめもりを読みます。　**答** 午後2時，15度

問題2 折れ線グラフの読み方(2)

右のグラフは，へやの温度を調べたものです。

(1) 温度がいちばん上がったのは，何時から何時の間でしょう。

(2) 温度が変わらなかったのは，何時から何時の間でしょう。

（度）　　へやの温度

コーチ

● 変わり方が大きいほど，直線のかたむきは急になっています。

● 直線のかたむき

＼ ふえる

＼ へる

── 変わらない

ことを表しています。

考え方
(1) 午前10時から午後2時までは，
温度が上がっている ｝ のどちらか
温度が変わらない

午後2時から，温度が下がっています。

午後2時までで，線のかたむきがいちばん急なところをさがします。　**答** 午後1時から2時の間

(2) 線がかたむいていないところです。

答 午前11時から12時の間

問題3 折れ線グラフのかき方

下の表は，けんたさんの体重を4月から10月まで毎月はかったものです。折れ線グラフに表しましょう。

月	4	5	6	7	8	9	10
体重(kg)	26.4	26.2	26.3	26.5	26.5	26.8	27.6

 考え方 横のじくに月を，たてのじくに体重をとります。下の①は，ふつうのかき方です。

②は〜〜〜〜の印を使い，とちゅうのめもりを省いています。

答 下のグラフ

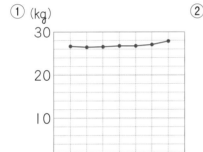
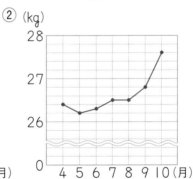

問題4 2つの折れ線グラフ

右のグラフは，りくやさんとみさきさんの体重の変わり方を表しています。

(1) 体重の差がもっとも大きかったのは，何年のときですか。

(2) 体重が同じになったのは，何年のときですか。

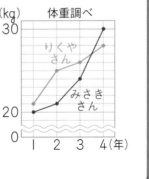

体重調べ

 考え方 (1) 2つの折れ線の開きが，いちばん大きいところです。　　　**答** 2年

(2) 折れ線が重なっているところです。　**答** 3年

教科書のドリル

答え→別さつ12ページ

① 〔グラフのめもり〕下の図の，点ア，点イの表す数をいいましょう。

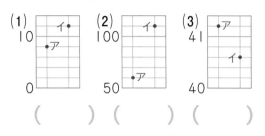

(1) (　　　) (2) (　　　) (3) (　　　)

② 〔グラフのかたむき〕次のグラフのうち，ふえ方がいちばん急なのはどれでしょう。

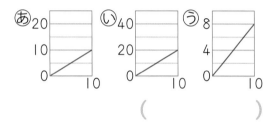

(　　　　　　　　　)

③ 〔折れ線グラフの読み方〕下のグラフは，ある市の1年間の気温のうつり変わりを表しています。

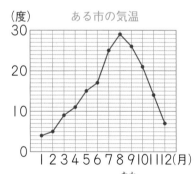

ある市の気温

(1) 気温がいちばん高かったのは，何月で，何度でしょう。

(　　　　　　　　　)

(2) 気温がいちばん上がったのは，何月から何月にかけてでしょう。

(　　　　　　　　　)

④ 〔折れ線グラフのかき方〕次の表は，さくらさんの体重をきろくしたものです。これを折れ線グラフにかきましょう。

月	1	2	3	4
体重(kg)	26.3	26.5	26.2	26.3

5	6	7
26.8	27.2	27.4

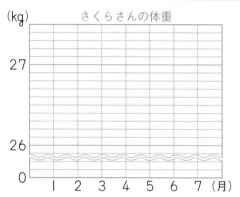

さくらさんの体重

⑤ 〔2つの折れ線グラフ〕次のグラフは，たくみさんとかいとさんの身長の変わり方を表したものです。

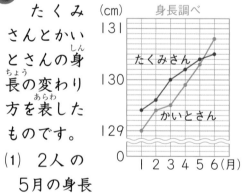

身長調べ

(1) 2人の5月の身長は，それぞれ何cmでしょう。

たくみさん(　　　　　)

かいとさん(　　　　　)

(2) 2人の身長が同じになったのは，何月でしょう。

(　　　　　　　　　)

1 ある日の気温調べで，下の図のような折れ線ができました。変わり方が大きい順にいいましょう。〔20点〕

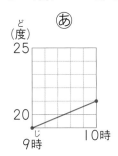 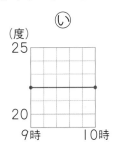 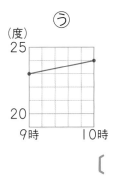 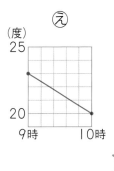

〔　　　　　　　　　　　　〕

2 下の折れ線グラフは，公園の池の水温を調べたものです。

〔各10点…合計40点〕

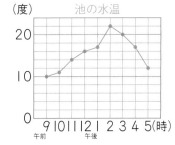

(1) たてのじくの1めもりは何度でしょう。

〔　　　　　　　〕

(2) 午前10時の水温は何度でしょう。

〔　　　　　　　〕

(3) 水温がいちばん下がったのは，何時から何時の間でしょう。

〔　　　　　　　〕

(4) 午後2時30分の水温は，何度ぐらいと考えられるでしょう。

〔　　　　　　　〕

3 右のグラフは，だいきさんとゆうとさんの体重の変わり方を表したものです。〔各10点…合計40点〕

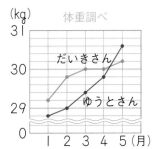

(1) 2人の体重の差がもっとも大きかったのは，何月のときですか。また，そのときの差は何kgでしょう。

月〔　　　　　〕　差〔　　　　　〕

(2) 体重のふえ方がいちばん大きいのは，それぞれ何月のときでしょう。

だいきさん〔　　　　　　〕，　ゆうとさん〔　　　　　　〕

すすんだ問題

1 下の表は，ある日の9時から16時までの気温のうつり変わりを，1時間おきに調べたものです。次の問いに答えましょう。〔各10点…合計30点〕

時こく(時)	9	10	11	12	13	14	15	16
気温(度)	13.9	17.6	20.8	22.3	23.9	24.8	24.3	23.6

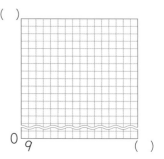

(1) この表を，折れ線グラフで表しましょう。ただし，必要なめもりや単位もわすれずに記入しましょう。

(2) 気温が20度になったのは何時何分ごろだったでしょうか。グラフから読みとりましょう。

〔　　　　　　　〕

(3) 気温が24度になったのは，何時何分ごろだったでしょうか。グラフから読みとりましょう。ただし2回あります。

〔　　　　　　　〕，〔　　　　　　　〕

2 花子さんは昨年の4月から12月までの月のはじめに，井戸水の温度と気温を調べました。右のグラフはそれを折れ線グラフに表しているとちゅうです。次の㋐〜㋕がわかっているとき，下の問いに答えましょう。

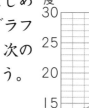

㋐ 4月の気温は井戸水の温度より1度高い。

㋑ 4月から5月の気温の変わり方と5月から6月の気温の変わり方は同じ。

㋒ 6月の気温は10月の気温より5度高い。

㋓ 10月には気温が井戸水の温度より2度低くなる。

㋔ 11月の気温は4月の気温より1度低い。

㋕ 12月の気温は11月の気温より低く，井戸水の温度と気温の差をくらべると，11月より12月のほうが3度大きい。〔各10点…合計70点〕

(1) ㋐から4月の気温を求めましょう。　〔　　　　　　　〕

(2) ㋓から10月の気温を求めましょう。　〔　　　　　　　〕

(3) (2)と㋒から6月の気温を求めましょう。　〔　　　　　　　〕

(4) (3)と㋑から5月の気温を求めましょう。　〔　　　　　　　〕

(5) (1)と㋔から11月の気温を求めましょう。　〔　　　　　　　〕

(6) (5)と㋕から12月の気温を求めましょう。　〔　　　　　　　〕

(7) (1)〜(6)からグラフを完成させましょう。

6 小数のしくみ

教科書の
まとめ

☆ 小数の表し方

10でわることと同じ

1の$\frac{1}{10}$を0.1，0.1の$\frac{1}{10}$を0.01，0.01の$\frac{1}{10}$を0.001と表す。

☆ 小数の位

```
 4 . 7   6   5
 ↑   ↑   ↑   ↑   ↑
 一  小   1   1   1
 の  数  10  100 1000
 位  点  の   の   の
         位   位   位
```

☆ 小数のしくみ

10倍ごとに位が1つずつ上がり，$\frac{1}{10}$ごとに位が1つずつ下がる。

☆ 小数のたし算とひき算

▶ 小数のたし算

$$\begin{array}{r} 2.53 \\ +4.71 \\ \hline \end{array} \rightarrow \begin{array}{r} 2.53 \\ +4.71 \\ \hline 7\,24 \end{array} \rightarrow \begin{array}{r} 2.53 \\ +4.71 \\ \hline 7.24 \end{array}$$

位を上下に　右の位から　小数点を
そろえる　　計算　　　うつ

▶ 小数のひき算

$$\begin{array}{r} 5.48 \\ -4.63 \\ \hline \end{array} \rightarrow \begin{array}{r} 5.48 \\ -4.63 \\ \hline 85 \end{array} \rightarrow \begin{array}{r} 5.48 \\ -4.63 \\ \hline 0.85 \end{array}$$

位を上下に　右の位から　小数点と
そろえる　　計算　　　0を書く

数字がないときは
0を書いておく

1 小数の表し方としくみ

問題1　小数の表し方(1)

つばささんは，走りはばとびで273cmとびました。
何mとんだことになりますか。

cm単位をm単位になおすとき，
次のことがらを使います。

「れい点れいいち
メートル」と読む

100cm…1m

10cm…1mの10分の1→0.1m

1cm…0.1mの10分の1→0.01m

2m　　　　　　　　　　　　3m

273cmは　200cmと70cmと3cm
　　　　　　↓　　　　↓　　　↓
　　　　　 2m　　　0.7m　 0.03m

答　2.73m

コーチ

1mの10分の1
　　　　…0.1m
0.1mの10分の1
　　　　…0.01m
0.01mの10分の1
　　　　…0.001m

問題2　小数の表し方(2)

たくやさんは，校内マラソン大会で2195m走ります。
何km走ることになりますか。

m単位をkm単位になおすとき，次のことがらを使
います。

1000m…1km

100m…1kmの10分の1→0.1km

10m…0.1kmの10分の1→0.01km

1m…0.01kmの10分の1→0.001km

2195mは　2000mと100mと90mと 5m
　　　　　　↓　　　 ↓　　　 ↓　　　 ↓
　　　　　 2km　　 0.1km　 0.09km　0.005km

答　2.195km

コーチ

1kmの10分の1
　　　　…0.1km
0.1kmの10分の1
　　　　…0.01km
0.01kmの10分の1
　　　　…0.001km

小数を使うと，1より小さい数が表せます。(0.23，0.05，…)
整数と整数の間の数を表すこともできます。(1.3←1と2の間)

問題 3 小数のしくみ (1)

(1) 0.01は1の何分の1でしょう。

(2) 0.1は0.001の何倍でしょう。

コーチ

● 小数も整数と同じように，10倍ごとに，位が1つずつ左へ，$\frac{1}{10}$ ごとに，位が1つずつ右へ進みます。

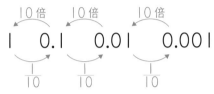

考え方 小数も整数と同じように，10倍ごとに位が1つずつ上がり，$\frac{1}{10}$ ごとに位が1つずつ下がります。

```
      10倍    10倍    10倍
   1    0.1    0.01    0.001
      1/10    1/10    1/10
```

(1) $\frac{1}{10}$ の $\frac{1}{10}$ だから $\frac{1}{100}$
答 $\frac{1}{100}$

(2) 0.001の「10倍」は0.01
0.01の「10倍」は0.1
10倍の10倍で100倍
答 100倍

問題 4 小数のしくみ (2)

2.478は，1，0.1，0.01，0.001をそれぞれ何こずつあわせた数でしょう。

コーチ

〔小数の位〕

2 . 4 7 8

$\frac{1}{10}$ の位（小数第一位）

$\frac{1}{100}$ の位（小数第二位）

$\frac{1}{1000}$ の位（小数第三位）

考え方 2.478は

2+0.4+0.07+0.008

と考えます。

2	+	0.4	+	0.07	+	0.008
↓		↓		↓		↓
1を2こ		0.1を4こ		0.01を7こ		0.001を8こ

答 1を2こ，0.1を4こ，0.01を7こ，0.001を8こあわせた数

もっと
くわしく
小数点から下の位の数は「四・七・八」のように読みます。
「四百七十八」とは読みません。

1 〔小数の表し方〕〔 〕の中の単位で表しましょう。

(1) 34cm〔m〕
( )

(2) 7m20cm〔m〕
( )

(3) 1895m〔km〕
( )

(4) 490m〔km〕
( )

(5) 0.04m〔cm〕
( )

(6) 1.49m〔cm〕
( )

(7) 3.26km〔m〕
( )

(8) 0.047km〔m〕
( )

(9) 36mm〔cm〕
( )

2 〔小数の表し方〕〔 〕の中の単位で表しましょう。

(1) 4kg300g〔kg〕
( )

(2) 825g〔kg〕
( )

(3) 0.35kg〔g〕
( )

(4) 5L1dL〔L〕
( )

(5) 120mL〔L〕
( )

3 〔小数のしくみ〕次の数はいくつになるでしょう。

(1) 0.4の10倍
( )

(2) 0.38の10倍
( )

(3) 0.007の100倍
( )

(4) 0.03の $\frac{1}{10}$
( )

(5) 0.1の $\frac{1}{100}$
( )

(6) 3.14の $\frac{1}{10}$
( )

4 〔小数のしくみ〕( )にあてはまる数をいいましょう。

(1) 2.579は1を( )こと,0.1を( )こと,0.01を( )こと,0.001を( )こあわせた数です。

(2) 0.01を42こ集めた数は( )。

(3) 1.27は0.001を( )こ集めた数。

5 〔小数の大小〕次の数を,大きい順に書きましょう。

1.54 1.535 0 0.85 1.08
( )

テストに出る問題

答え → 別さつ14ページ
時間20分　合かく点80点　得点／100

1 〔 〕の中の単位で表しましょう。〔各4点…合計32点〕

(1) 72cm 〔m〕　〔　　　　　〕　　(2) 6mm 〔cm〕　〔　　　　　〕

(3) 0.43m 〔cm〕　〔　　　　　〕　　(4) 0.01m 〔cm〕　〔　　　　　〕

(5) 3459m 〔km〕　〔　　　　　〕　　(6) 820m 〔km〕　〔　　　　　〕

(7) 2.06km 〔m〕　〔　　　　　〕　　(8) 0.42km 〔m〕　〔　　　　　〕

2 次の数を10倍しましょう。また，10でわりましょう。〔各4点…合計16点〕

(1) 0.03〔　　　　〕, 〔　　　　〕　　(2) 1.68〔　　　　〕, 〔　　　　〕

3 7.635について答えましょう。〔各6点…合計18点〕

(1) 3は何の位でしょう。　〔　　　　　〕

(2) $\frac{1}{1000}$の位の数字は何でしょう。　〔　　　　　〕

(3) 0.001を何こ集めた数でしょう。　〔　　　　　〕

4 次の数を書きましょう。〔各8点…合計16点〕

(1) 1を3こと，0.1を4こと，0.001を6こあわせた数

〔　　　　　〕

(2) 0.1を20こあわせた数

〔　　　　　〕

5 下の(1), (2), (3)にあたる数を書きましょう。〔各6点…合計18点〕

```
     (1)          (2)              (3)
0     ↓            ↓      0.5       ↓
|_____|
```

(1) 〔　　　　〕　(2) 〔　　　　〕　(3) 〔　　　　〕

② 小数のたし算とひき算

問題 ① 小数のたし算

重さが1.2kgのバケツに水を
3.6kg入れました。
全体の重さは何kgになるでしょう。

コーチ

● 小数のたし算は，小数点をのぞくと，整数のたし算と同じ考え方でできます。

考え方　1.2＋3.6の計算になります。

1kg	0.1kg
1kg→	0.1kg→

上の図では，

1kgが4こで4kg
0.1kgが8こで0.8kg
1.2＋3.6＝4.8

あわせて4.8kg

答　4.8kg

問題 ② たし算の筆算

重さが1.28kgのビンに，2.14kgのしょうゆを入れました。
全体の重さは，何kgになるでしょう。

コーチ

〔たし算の筆算〕
①位を上下にそろえます。
②右の位から，整数のときと同じように計算します。
③和の小数点をうちます。

考え方　1.28＋2.14の計算になります。
筆算では，次のようになります。

位を上下にそろえてかく

```
  1.28
+ 2.14
```

整数と同じように計算する

```
  1.28
+ 2.14
  342
```

和の小数点をうつ

```
  1.28
+ 2.14
  3.42
```

上の小数点にそろえる

答　3.42kg

たいせつ
ポイント
小数のたし算・ひき算は位をそろえて，整数のたし算・ひき算と同じように計算します。

コーチ

問題3 小数のひき算

4.3kgの米がありました。このうち，3.8kgだけ食べました。米は何kg残っているでしょう。

● 小数のひき算も，小数点をのぞくと整数のひき算と同じ考え方でできます。

考え方

残りの米の重さは，次の式で求めます。

4.3 − 3.8

上の図では，残りは0.1kgが5こで0.5kg

4.3 − 3.8 = 0.5

答 0.5kg

問題4 ひき算の筆算

5.35kgあるさとうのうち，2.18kg使いました。さとうは何kg残っているでしょう。

コーチ

●「位をそろえる」ということは，「小数点の位置をそろえる」ということです。

考え方

5.35 − 2.18の計算になります。
筆算では，次のようになります。

位を上下にそろえてかく	整数と同じように計算する	差の小数点をうつ
$\begin{array}{r} 5.35 \\ -\ 2.18 \\ \hline \end{array}$	$\begin{array}{r} 5.35 \\ -\ 2.18 \\ \hline 317 \end{array}$	$\begin{array}{r} 5.35 \\ -\ 2.18 \\ \hline 3.17 \end{array}$

答 3.17kg

教科書のドリル

答え→別さつ14ページ

1 〔小数のたし算〕次の計算をしましょう。

(1) 3.5+4.3

(　　　　　)

(2) 1.7+3.2

(　　　　　)

(3) 0.02+0.03

(　　　　　)

(4) 0.24+0.32

(　　　　　)

(5) 0.13+0.3

(　　　　　)

(6) 0.42+0.06

(　　　　　)

2 〔たし算の筆算〕次の計算をしましょう。

(1)
```
   7.8
+  2.6
```

(2)
```
   5.07
+  4.28
```

(3)
```
   2.16
+  3.46
```

(4)
```
   8.406
+  2.032
```

(5)
```
   4.13
+  5.2
```

(6)
```
   8
+  1.48
```

3 〔たし算の文章題〕重さが1.35kgのビンに, 4.35kgの水を入れました。
全体の重さは, 何kgになりますか。

(　　　　　)

4 〔小数のひき算〕次の計算をしましょう。

(1) 2.7−1.5

(　　　　　)

(2) 8.3−4.1

(　　　　　)

(3) 0.67−0.03

(　　　　　)

(4) 0.78−0.5

(　　　　　)

(5) 1.56−0.34

(　　　　　)

(6) 0.75−0.4

(　　　　　)

5 〔ひき算の筆算〕次の計算をしましょう。

(1)
```
   9.4
−  2.8
```

(2)
```
   13.8
−   6.4
```

(3)
```
   9.25
−  2.75
```

(4)
```
   8.76
−  6.78
```

(5)
```
   4.823
−  0.214
```

(6)
```
   1
−  0.993
```

6 〔ひき算の文章題〕みかんをかごに入れて重さをはかったら2.7kgありました。かごの重さは0.65kgです。
みかんは何kgあるでしょう。

(　　　　　)

テストに出る問題

答え → 別さつ15ページ
時間**20**分 合かく点**80**点

得点 ／**100**

1 次の計算を正しくしましょう。〔各6点…合計18点〕

(1)
```
    2.6 7
+  1 0.5
─────────
    3.7 2
```

(2)
```
    0.7
+   0.6
───────
    0.1 3
```

(3)
```
    4.3
-  1.7 6
───────
    2.6 6
```

2 次の計算をしましょう。〔各6点…合計36点〕

(1)
```
    5.4
+   2.8
```

(2)
```
    2.4 6
+   3.7 4
```

(3)
```
    0.5 3 9
+   0.2 6 4
```

(4)
```
    7 2.2
-  4 3.9
```

(5)
```
    5.6 8
-   2.8 9
```

(6)
```
    3.4
-  1.3 6
```

3 次の計算をしましょう。〔各6点…合計24点〕

(1) 4.32＋3.86

(2) 0.45＋0.08

(3) 6.31－2.18

(4) 1－0.35

4 駅から西山まで，あ，いの2通りのコースがあります。〔各11点…合計22点〕

(1) あから登り，いからおりると，何km歩いたことになるでしょう。

〔　　　　　　　　　〕

西山
あ 4.93km
い 5.8km
駅

(2) あ，いどちらのコースのほうが何km長いでしょう。

〔　　　　　　　　　〕

すすんだ問題

1 の中にあてはまる数を書きましょう。〔各5点…合計30点〕

(1) 7030g= ☐ kg

(2) 310m= ☐ km

(3) 4L3dL= ☐ L

(4) 3m8cm= ☐ m

(5) 350mm= ☐ m

(6) 0.08m= ☐ mm

2 ( )の中の数を，大きい順にならべましょう。〔各8点…合計16点〕

(1) (0.97　　9.84　　10.1　　1.01)

〔　　　　　　　　　　〕

(2) (0.008　　0.047　　0.108　　0.47)

〔　　　　　　　　　　〕

3 次の計算をしましょう。〔各5点…合計30点〕

(1)
```
   3 4.9
+  2 6.3
```

(2)
```
   1.4 6
+   7.9
```

(3)
```
   3.1 0 3
+  6.8 9 7
```

(4)
```
   9.2
−  8.0 4
```

(5)
```
   4.0 3 2
−   1.8
```

(6)
```
   6.2 0 4
−  6.1 9 9
```

4 みかんの入ったかごの重さをはかったら，4.6kgありました。かごだけの重さは630gでした。みかんは何kgありますか。〔12点〕

〔　　　　　　　　　　〕

5 480gのビンに，さとうを4.76kg入れました。どれだけか使ったあと，ビンをはかったら，3.4kgになっていました。
さとうを何kg使ったのでしょう。〔12点〕

〔　　　　　　　　　　〕

7 わり算の筆算(2)

★ 何十でわる計算

> 10をもとにして考える。

★ 2けたでわる筆算(1)

> 78÷26（2けた÷2けた）
>
> ```
>     26)78  →  26)78  →  26)78
>                  3          3
>                            78
>                             0
> ```

★ 2けたでわる筆算(2)

> 739÷15（3けた÷2けた）
>
> ```
>      4              49
>  15)739    →    15)739
>     60             60
>     13            139
>                   135
> ```
> あまり→ 4

★ わり算のきまり

> ▶ わられる数とわる数に
> ┌ 同じ数をかけても
> └ 同じ数でわっても
> 商は同じである。
>
> 例 ┌ 260÷20＝13
>   └ 26÷2＝13

> ▶ 0がある数のわり算
>
> わる数，わられる数の0を同じ
> 数ずつ消して計算するとよい。
>
> ```
>          14
>  400)5600
>      4
>      16
>      16
>       0
> ```

1 わり算

問題❶ あまりのあるわり算

100円で，1こに40円のパンを買います。何こ買えて，何円あまるでしょう。

コーチ

● 100÷40の計算は10÷4として，商を2と見当をつけます。

考え方 10円玉のこ数で考えます。
100円は10円玉が10こ，40円は10円玉が4こ

10と4をくらべて，商2と見当をつけます。40を2倍すると80だから20あまります。

$$100 \div 40 = 2 \ \text{あまり20}$$

↑わられる数　↑わる数　↑商　↑あまり

● あまりのあるわり算では
わる数×商
＋あまり
＝わられる数
の関係があります。

わる数　商　あまり　わられる数

$$40 \times 2 + 20 = 100$$

答 2こ買えて，20円あまる

問題❷ 2けた÷2けた

色紙が96まいあります。この色紙を1人に24まいずつ配ります。何人に分けられますか。

考え方 96÷24の計算をします。
90÷20から9÷2と考え，商を4とたてます。
24を4倍すると96

$$96 \div 24 = 4$$

答 4人

筆算では，次のようにします。

$$24\overline{)96} \rightarrow 24\overline{)96}^{\,4} \rightarrow 24\overline{)96}^{\,4}_{\,96} \rightarrow 24\overline{)96}^{\,4}_{\,96}{}_{\,0}$$

90÷20で
一の位に4
をたてる

24×4=96
96の下に96
を書く

96-96=0
0を書く

コーチ

● 〔商の見つけ方〕
わられる数，わる数をおよその数にして，見当をつけます。

● 見当をつけた商が，大きすぎたときは商を1小さくします。
小さすぎたときは商を1大きくします。

2けたの数でわるわり算も，1けたの数でわるわり算と同じように計算します。わり算では，商がどの位からたつかを決めることがたいせつです。

問題 **3** 3けた÷2けた

次の計算をしましょう。

$$778 \div 48$$

コーチ

● 〔商のたて方〕

3けたの数÷2けたの数の場合

① わられる数の上から2けたの数が，わる数より小さいとき，商は一の位にたちます。

② わられる数の上から2けたの数が，わる数より大きいとき，商は十の位にたちます。

778の77が48より大きいので，商は十の位にたちます。

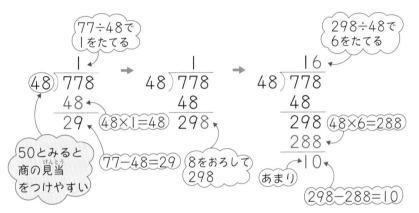

答 16あまり10

問題 **4** わり算のせいしつ

次の計算をして，答えをくらべましょう。

① 9÷3　② 90÷30　③ 900÷300

コーチ

● わり算では，わられる数とわる数に，同じ数をかけても，同じ数でわっても商は同じです。

① 9÷3＝3

② 90÷30＝3　9÷3
（10でわる／10をかける）

③ 900÷300＝3　9÷3
（100でわる／100をかける）

答 どれも3

教科書のドリル

答え → 別さつ15ページ

① 〔わり算の筆算〕次のわり算をしましょう。

(1) 200÷50　(2) 120÷40

(3) 300÷50　(4) 560÷70

(5) 140÷30　(6) 660÷70

② 〔わり算の筆算〕次のわり算をしましょう。

(1)　　　　　　(2)

13〕39　　23〕92

(3)　　　　　　(4)

21〕84　　27〕81

(5)　　　　　　(6)

17〕55　　42〕93

③ 〔わり算の筆算〕次のわり算をしましょう。

(1)　　　　　　(2)

19〕874　　24〕600

(3)　　　　　　(4)

27〕864　　37〕740

④ 〔わり算の筆算〕次のわり算をしましょう。

(1)　　　　　　(2)

29〕174　　53〕424

(3)　　　　　　(4)

43〕316　　57〕400

⑤ 〔わり算の文章題〕4年生120人が15人ずつのチームをつくって，ドッジボールをします。
何チームできるでしょう。

（　　　　　　　）

⑥ 〔わり算の文章題〕ボールが200こあります。これを24こずつ箱につめます。何箱できて，何こあまるでしょう。

（　　　　　　　）

⑦ 〔わり算の文章題〕336ページあるどうわの本を，2週間で読み終えるには，1日に何ページずつ読めばよいでしょう。

（　　　　　　　）

1 次のわり算をしましょう。〔各6点…合計36点〕

(1)

$36\overline{)72}$

(2)

$24\overline{)72}$

(3)

$18\overline{)92}$

(4)

$64\overline{)314}$

(5)

$53\overline{)294}$

(6)

$82\overline{)413}$

2 次のわり算をしましょう。〔各8点…合計24点〕

(1)

$240\overline{)960}$

(2)

$420\overline{)2100}$

(3)

$460\overline{)8280}$

3 次の □ の中にあてはまる数を書きましょう。〔各7点…合計28点〕

(1) □ ÷14＝8あまり2

(2) 329÷53＝6あまり □

(3)

$$43\overline{)\square\square\square}$$
　　　　5
　　2 1 5
　　　3 8

(4)

$$\square5\overline{)326}$$
　　　　7
　　3 1 5
　　　 1 1

4 ほうきが108本あります。
18学級に同じ数ずつ配ると，
1学級に何本ずつ配ることがで
きるでしょう。〔12点〕

〔　　　　　〕

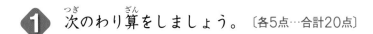

すすんだ問題

1 次のわり算をしましょう。〔各5点…合計20点〕

(1) 657÷95　　　(2) 6240÷480

(3) 4000÷160　　(4) 20800÷2600

2 次の□にあてはまる数を書きましょう。〔合計30点〕

(1) □÷27＝32あまり6　（8点）

(2) 841÷□＝31あまり4　（8点）

(3)
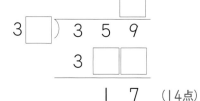

```
          □
3 □ ) 3 5 9
      3 □ □
      1 7   (14点)
```

3 4年生205人が遠足に行きます。55人乗りのバスで行くには，何台のバスがいるでしょう。〔15点〕

〔　　　　　〕

4 1さつ60円のノートをいくらか安くしてもらい，50さつまとめて買いました。はらったお金は，ちょうど2500円でした。1さつにつき，何円安くしてもらったのでしょう。〔15点〕

〔　　　　　〕

5 ある数を25でわると，商が13であまりが4になりました。この数を17でわると，答えはいくつになるでしょう。〔20点〕

〔　　　　　〕

8 整理のしかた

★ 整理のしかた…形と色を調べ，下のように整理します。

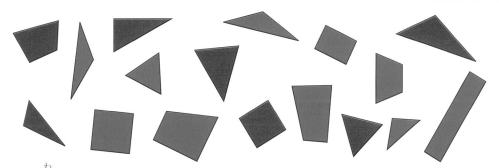

▶ 形で分ける

形	数（こ）
三角形	9
四角形	8
合　計	17

▶ 色で分ける

色	数（こ）
赤	7
青	10
合　計	17

▶ 形と色で分ける

形　　色	赤	青	合計
三角形	5	4	9
四角形	2	6	8
合　計	7	10	17

1 整理のしかた

 コーチ

問題 1 けが調べ

下の表は, あさこさんの学校で, 12月に起きたけがのようすを表しています。

(1) いちばん多いけがは何でしょう。

(2) きりきずがいちばん多く起きた場所はどこでしょう。

● けがのようすを調べるときはけがの種類けがをした場所けがをした時こくなど, 目的を決めて整理します。

12月中のけが調べ

名 前	種 類	場 所	名 前	種 類	場 所
平 野	きりきず	教室	西 川	すりきず	教室
田 中	すりきず	教室	田 原	うちみ	体育館
岡 田	うちみ	体育館	上 田	きりきず	運動場
本 多	ねんざ	運動場	谷 川	きりきず	教室
林	きりきず	運動場	伊 野	すりきず	運動場
出 岡	きりきず	教室	小 川	きりきず	体育館
天 野	うちみ	教室	近 藤	ねんざ	体育館
鈴 木	きりきず	教室	勝 野	きりきず	教室
小 林	すりきず	運動場	山 本	きりきず	運動場

 考え方　けがのようすをわかりやすく表すには

けがの種類とけがをした場所

に目をつけて, 下のような表にまとめます。

けがの種類と場所

種類 ＼ 場所	教室	体育館	運動場	合計
きりきず	正	一	下	9
すりきず	丁		丁	4
うちみ	一	丁		3
ねんざ		一	一	2
合計	8	4	6	18

表のたての合計と横の合計は同じになります

(1) この表で, いちばん多いけがの種類を見つけます。きりきずは9人, すりきずは4人。

答 きりきず(9人)

(2) きりきずがいちばん多く起きたのは教室です。

答 教室(5人)

64 8 整理のしかた

落ちや重なりのない，見やすい表をつくることがたいせつです。
数えまちがいのないように，合計も調べます。

問題 2　水泳調べ

コーチ

なおとさんの組では，男子の水泳調べの結果を，次のように記録しました。○は泳げる，×は泳げないことを表しています。

● 集めたし料を整理して表にまとめるとき，

落ちや重なりがない

ように注意します。

水泳調べ

名　前	クロール	平泳ぎ	名　前	クロール	平泳ぎ
浅　田	×	×	足　立	○	○
石　川	○	×	大　村	○	×
江　本	×	○	南	○	○
森	○	○	鈴　木	×	○
谷　口	○	×	平　野	×	×
山　川	○	×	吉　田	○	×
山　下	×	×	吉　本	○	○

(1)　クロールも，平泳ぎもできる人は何人でしょう。

(2)　平泳ぎだけできる人は何人いるでしょう。

考え方　表のつくり方をくふうすると，全体のようすがわかりやすくなります。

水泳調べ

泳ぎ方	人数（人）
クロールも平泳ぎもできる	4
クロールだけできる	5
平泳ぎだけできる	3
クロールも平泳ぎもできない	2

上の表を下のように整理すると，さらにわかりやすくなります。

水泳調べ

		平泳ぎ	
		できる	できない
クロール	できる	4	5
	できない	3	2

答 (1)　4人　(2)　3人

2つのことがらについて分類すると，4つの場合に分けられます

教科書のドリル

答え ➡ 別さつ18ページ

1 〔整理のしかた〕 1週間に起こったけがの種類について調べました。

けが調べ

曜日	けがの種類	曜日	けがの種類
月	すりきず きりきず ねんざ きりきず うちみ すりきず	木	すりきず ねんざ すりきず うちみ
火	きりきず うちみ	金	きりきず うちみ すりきず すりきず きりきず うちみ ねんざ きりきず
水	ねんざ きりきず きりきず きりきず		

けがの種類別の人数を調べたいと思います。

あいているところに、あてはまる言葉や数を入れましょう。

けが調べ

けがの種類	人数(人)
すりきず	
	9
	4
うちみ	
合計	

2 〔整理のしかた〕 次の図の、形と色を調べ、下の表に整理しましょう。

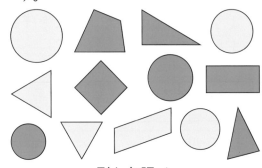

形と色調べ

形＼色			合計
合計			

3 〔弟・妹調べ〕 あいこさんの組で、弟と妹がいるかいないか調べました。

		弟		合計
		いる	いない	
妹	いる	ⓐ	ⓘ	21
	いない	ⓤ	6	ⓔ
合計		18	ⓞ	34

(1) 表のあいているところに、あてはまる数を書きましょう。

(2) 弟がいる人は何人でしょう。

（　　　　　　）

(3) 弟も妹もいない人は何人でしょう。

（　　　　　　）

テストに出る問題

1 下の表は，男と女のきょうだいがいるかいないかを調べたものです。

〔各5点…合計30点〕

きょうだい調べ(○…いる，×…いない)

きょうだい ＼ 名前	西中	林	上野	東	足立	高橋	中根	竹本	山本	平本	黒田	岩下
兄・弟	○	×	○	×	○	×	×	○	○	×	×	○
姉・妹	×	○	×	×	×	○	×	○	×	○	○	○

落ちや重なりのないように，こうもくを決め，右のような表をつくりました。
あいたところに，あてはまる言葉や数を入れましょう。

		兄・弟	
		いる	
姉・妹	いる		

2 あるクラスで，犬とねこをかっているか調べました。それを右の表のようにまとめました。

	ねこをかっている人	ねこをかっていない人	合計
犬をかっている人	㋐ 4	7	11
犬をかっていない人	6	㋒ 14	㋔ 20
合計	㋑ 10	21	㋕ 31

㋐〜㋕の場所にある数はどんな人の数でしょう。
言葉で書きましょう。〔各6点…合計30点〕

㋐〔　　　　　　　　　　〕　　㋑〔　　　　　　　　　　　　　〕

㋒〔　　　　　　　　　　〕　　㋔〔　　　　　　　　　　　　　〕

㋕〔　　　　　　　　　　〕

3 マラソンをしている人の数を調べたら，男が10人，女が12人でした。また，子どもが13人，大人が9人で，そのうち，男の子どもが6人でした。下の表のあいているところに，人数を書き入れましょう。〔各10点…合計40点〕

	男	女
子ども		
大 人		

すすんだ問題

① 下の表1は，ある小学校の12月のけがの記録です。この記録について，次の問題に答えましょう。〔合計28点〕

表1

学年	名前	けがの種類	場所	学年	名前	けがの種類	場所
2	田中	うちみ	ろうか	3	中島	ねんざ	体育館
3	青木	すりきず	校庭	4	森	うちみ	体育館
2	吉田	すりきず	校庭	4	高田	すりきず	校庭
3	太田	すりきず	校庭	1	島田	うちみ	ろうか
4	小林	うちみ	校庭	2	林	すりきず	教室
1	西村	すりきず	体育館	5	小川	うちみ	校庭
2	内田	うちみ	ろうか	1	中村	すりきず	校庭
1	石田	すりきず	校庭	4	川田	すりきず	校庭
2	木村	すりきず	体育館	1	原	すりきず	ろうか
6	高橋	ねんざ	体育館	4	小松	ねんざ	ろうか
5	山下	きりきず	教室	1	村上	すりきず	体育館

表2

けがの種類＼学年	1	2	3	4	5	6	合計
きりきず	0	0	0	0	1	0	
ねんざ	0	0	1	1	0	1	
すりきず	5	3	2	2	0	0	
うちみ	1	2	0	2	1	0	
合計							(あ)

表3

けがの種類＼場所	ろうか	体育館			合計
きりきず	0	0	0	1	1
ねんざ	1	2	0	0	3
すりきず					
うちみ					
合計		9	2		

(1) 表2は，表1の記録を学年ごとのけがの種類とその人数に目をつけて，まとめようとしたものです。(あ)に入る人数を求めましょう。　(5点)

〔　　　　　〕

(2) いちばん多いけがの種類は何ですか。　(5点)　〔　　　　　〕

(3) けががいちばん多く起きた学年は何年生ですか。　(5点)　〔　　　　　〕

(4) 表3は，表1の記録をけがの種類と場所に目をつけてまとめようとしたものです。この表を完成しましょう。　(8点)

(5) うちみがいちばん多く起きた場所はどこですか。　(5点)　〔　　　　　〕

② けんとさんは友達45人に，ゲームのソフトA，B，C3種類を，持っているか持っていないかアンケートをとったら，右のようになりました。この結果を下のような表にします。

A	○	○	○	○	×	×	×	×
B	○	○	×	×	○	○	×	×
C	○	×	○	×	○	×	○	×
人数	4	(1)	(2)	(3)	(4)	(5)	(6)	6

①全部持っている人　　　　4人
②1つも持っていない人　　6人
③AもBも持っていない人　7人
④BもCも持っていない人21人
⑤AもCも持っている人　10人
⑥BもCも持っている人　7人
⑦AもBも持っている人　9人

(○は「持っている」，×は「持っていない」を表します)

(1)～(6)に入る数をいいましょう。〔各12点…合計72点〕　〔　　　　　〕

9 計算のきまり

教科書のまとめ

☆ 計算のじゅんじょ

① ふつうは，左から順に計算する。

例　27＋38＋54
　　＝65＋54
　　＝119

② （　）があれば，（　）の中を先に計算する。

例　100−(53−29)
　　＝100−24
　　＝76

＜先に計算

③ ＋，−と，×，÷とがまざっているときは，×，÷を先に計算する。

例　16×3−40÷5
　　＝48−8
　　＝40

＜先に計算

☆ 計算のきまり

■＋●＝●＋■

■×●＝●×■

(■＋●)×▲＝■×▲＋●×▲

(■−●)×▲＝■×▲−●×▲

▶ たし算とひき算との関係

■＋●＝▲のとき
{ ■＝▲−●
{ ●＝▲−■

■−●＝▲のとき
{ ■＝▲＋●
{ ●＝■−▲

▶ かけ算とわり算との関係

■×●＝▲のとき
{ ■＝▲÷●
{ ●＝▲÷■

■÷●＝▲のとき
{ ■＝▲×●
{ ●＝■÷▲

1 計算のきまり

問題 1 計算のじゅんじょ

しょうたさんは，1さつ120円のノートを4さつ買って，500円出しました。
おつりはいくらでしょう。

 考え方　出したお金－代金＝おつり
　　　　　　　 ⋮　　　　　⋮
　　　　　　 500円　（120×4）円

式に表して計算すると　　　　　 先に計算
　　500－120×4
　＝500－480
　＝20　　　　　　　　　　　　　　**答**　20円

 もっとくわしく　たし算・ひき算を先にしたいときは，（　　）をつけます。
かっこは，（　　）のほかに{　　}や，〔　　〕があります。

問題 2 計算のきまり

右の図の白と黒のご石の数は，全部でいくつでしょう。
1つの式に書いて求めましょう。

 考え方　白と黒のご石をべつべつに数えると
　　　　　　 2×7＋3×7＝35

白と黒のご石をまとめて数えると
　　　　　　 （2＋3）×7＝35

どちらの式でも，答えは同じになります。　　　　**答**　35こ

上の式から（2＋3）×7＝2×7＋3×7となり，
　　（■＋●）×▲＝■×▲＋●×▲
がたしかめられました。

たいせつ
ポイント　たし算のぎゃくはひき算，かけ算のぎゃくはわり算です。

問題**3**　たし算とひき算の関係

運動場で子どもが遊んでいます。そこへ，8人やって
きたので，全部で26人になりました。
はじめに，運動場には何人いたのでしょう。

● ■＋●＝▲のとき

　■＝▲－●

　●＝▲－■

● ■－●＝▲のとき

　■＝▲＋●

　●＝■－▲

考え方　はじめにいた数＋ふえた数＝全部の数
　　この式で，はじめにいた人数を□人とすると，8
　　人ふえて26人になったのだから

　　　　　　□＋8＝26

□の数を求めるには，たし算のぎゃくはひき算であること
を利用して

　　　　　　□＋8＝26

　　　　　　　□＝26－8

　　　　　　　□＝18　　　　　　　　　　答　18人

問題**4**　かけ算とわり算の関係

みかんを何こかずつ6人にくばったら，全部で42こ
いりました。
みかんを何こずつくばったのでしょう。

● ■×●＝▲のとき

　■＝▲÷●

　●＝▲÷■

● ■÷●＝▲のとき

　■＝▲×●

　●＝■÷▲

考え方　1人分の数×人数＝全部の数
　　1人分のみかんの数を□ことすると，6人で42こ
　　いったので

　　　　　　□×6＝42

かけ算のぎゃくはわり算だから

　　　　　　□×6＝42

　　　　　　　□＝42÷6

　　　　　　　□＝7　　　　　　　　　　答　7こ

教科書のドリル

答え→別さつ**20**ページ

① 〔計算のじゅんじょ〕次の計算をしましょう。

(1) (16+4)÷2

(2) 16+4÷2

(3) 84+6×2

(4) (84+6)×2

(5) 4×(9−8)÷2

(6) 4×9−8÷2

② 〔計算のきまり〕□にあてはまる数はいくらでしょう。

(1) 12+3=3+□

(2) □×34=34×9

(3) 95×6+5×6

  =(95+□)×6

(4) (50−5)×4

  =50×4−□×4

③ 〔計算のくふう〕くふうして，次の計算をしましょう。

(1) 35+93+7

(2) 25×32

(3) 42×25×4

(4) 99×8

④ 〔計算の間の関係〕次の数をいいましょう。

(1) 36と13の和

  (   )

(2) 19から7をひいた差

  (   )

(3) 24と6の積

  (   )

(4) 72を8でわった商

  (   )

⑤ 〔□の求め方〕次の□にあてはまる数はいくらでしょう。

(1) □+26=50

(2) □−105=62

(3) □×12=60

(4) □÷9=8

⑥ 〔計算の文章題〕550円の本と120円のノートを買い，1000円を出しました。
おつりはいくらでしょう。1つの式に書いて求めなさい。

  (   )

テストに出る問題

答え → 別さつ20ページ
時間20分　合かく点80点

得点　／100

1 次の計算をしましょう。〔各5点…合計30点〕

(1) 9×(18−6)

(2) 80−64÷4

(3) 42÷6×4−21÷7

(4) (9+15÷3)×5

(5) (48−2×4)÷(15−5)×2

(6) 14×(32−24)÷28

2 次の □ にあてはまる数はいくらでしょう。〔各5点…合計30点〕

(1) 93×5=100×5−□×5

(2) 25×16=25×4×□

(3) □+36=124

(4) □−62=34

(5) □×12=216

(6) □÷8=15

3 くふうして，次の計算をしましょう。〔各5点…合計30点〕

(1) 96+77+23

(2) 28×4×25

(3) 32×12+32×18

(4) 43×15−33×15

(5) 104×25

(6) 45×99

4 160円のノート1さつと，1本80円のえんぴつ半ダースを買って，1000円はらいました。おつりはいくらでしょう。1つの式に表して，答えを求めましょう。〔10点〕

〔　　　　　　　　　〕

すすんだ問題

1 次の計算をしましょう。〔各6点…合計36点〕

(1) $62-(20-2\times4)\div6\times4$

(2) $18-16\div4\times2$

(3) $12\times15-450\div15$

(4) $64\div8+12-(24\div6-3)\times5$

(5) $(7\times9+3\times5)\div6-5\times2$

(6) $168\div14+102\div17\times6$

2 次の ☐ にあてはまる数をいいましょう。〔各6点…合計24点〕

(1) $42\times99=42\times\boxed{}-42$

(2) $64\times25=16\times\boxed{}\times25$

(3) $(24+\boxed{})\times6=174$

(4) $\boxed{}\div(32-15\times2)=26$

3 次のある数を求めましょう。〔各10点…合計40点〕

(1) ある数と12の和に9をかけると，135になります。

〔　　　　　　　〕

(2) 144をある数でわった商と6の和に，4をかけた積が72になります。

〔　　　　　　　〕

(3) ある数を12でわり，その商から20をひき，その差に3をかけると6になります。

〔　　　　　　　〕

(4) ある数から30と5の和の4倍をひいた差は100になります。

〔　　　　　　　〕

10 面積のはかり方と表し方

教科書の
まとめ

★ 広さの表し方

1cm²…1辺が1cmの正方形の面積

★ 長方形と正方形の面積

長方形の面積＝たて×横
正方形の面積＝1辺×1辺

▶ ふくざつな面積の求め方

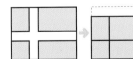

★ 大きな面積の単位

1m²…1辺が1mの正方形の面積

1km²…1辺が1kmの正方形の面積

1a…1辺が10mの正方形の面積

1ha…1辺が100mの正方形の面積

▶ 単位の関係

$1m^2 = 10000cm^2$

$1km^2 = 1000000m^2$

$1a = 100m^2$

$1ha = 100a = 10000m^2$

1 面積の求め方

問題 1 広さの単位

右の図の⑧と⑩では, どちらが広いでしょう。

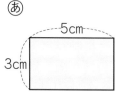

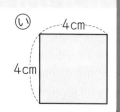

コーチ

● 広さのことを **面積** といいます。

1辺が1cmの正方形の面積を **1平方センチメートル** といい, 1cm² と書きます。

考え方 たて, 横を1cmずつに区切り, 方がんの数がいくつあるかでくらべます。

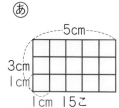

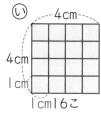

⑧の面積は
$3 \times 5 = 15 (cm^2)$

⑩の面積は
$4 \times 4 = 16 (cm^2)$

上の図で, 方がんの数は, ⑩のほうが多いので, ⑩のほうが広いことがわかります。 **答** ⑩のほうが広い

問題 2 長方形・正方形の面積

次の面積を求めましょう。
(1) たて2cm, 横4cmの長方形の面積
(2) 1辺3cmの正方形の面積

コーチ

● 長方形や正方形の面積は, 次の公式で求めます。

面積を求める公式

長方形の面積
　　　＝たて×横
正方形の面積
　　　＝1辺×1辺

考え方 1辺が1cmの正方形の面積が1cm²

それが, たて, 横それぞれにいくつならぶかを考えます。

(1)

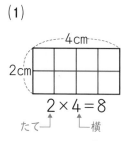

$2 \times 4 = 8$
たて　　横

答 8cm²

(2)

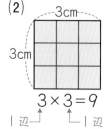

$3 \times 3 = 9$
1辺　　1辺

答 9cm²

たいせつポイント 長方形や正方形に分けるときの切り方は，何通りもあります。
どこで切ったらよいか，全体からどこをひいたらよいかを考えます。

問題❸ 公式の利用

1辺が6cmの正方形があります。
この正方形と同じ面積で，横の長さが4cmの長方形の
たての長さは何cmでしょう。

● わからないところを□で表し，面積を求める公式にあてはめます。

 考え方 正方形の面積は
$$6 \times 6 = 36 (cm^2)$$
長方形の横の長さは4cmだから，
たての長さを□cmとすると
$$□ \times 4 = 36 \quad ⇨ \quad □ = 36 \div 4$$
$$□ = 9$$

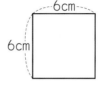

答 9cm

問題❹ 面積の求め方のくふう

右のような形の面積を求めましょう。

● ふくざつな形の面積は，長方形や正方形に分けます。

● 全体から部分をひく方法もあります。

 考え方 2つの長方形に分けたり，全体から部分をひいたりして求めます。
次のような3つの求め方があります。

(1) 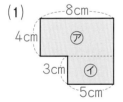 (2) 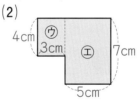 (3)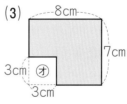

㋐の面積   ㋒の面積   ㋔の面積
$4 \times 8 = 32 (cm^2)$ $4 \times 3 = 12 (cm^2)$ $3 \times 3 = 9 (cm^2)$

㋑の面積   ㋓の面積   全体
$3 \times 5 = 15 (cm^2)$ $7 \times 5 = 35 (cm^2)$ $7 \times 8 = 56 (cm^2)$
$32 + 15 = 47 (cm^2)$ $12 + 35 = 47 (cm^2)$ $56 - 9 = 47 (cm^2)$

 答 47cm²

教科書のドリル

答え→別さつ21ページ

1 〔広さの単位〕下の⑦, ①の面積は, 何cm²でしょう。（方がんの1めもりは1cmです。）

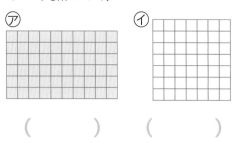

⑦ （　　　　　）　① （　　　　　）

2 〔長方形・正方形の面積〕次の図形の面積を求めましょう。

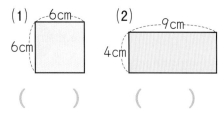

(1) 6cm　6cm

(2) 9cm　4cm

（　　　　　）　（　　　　　）

3 〔公式の利用〕次の図形の面積を求めましょう。

(1) たてが50mm, 横が6cmの長方形

（　　　　　）

(2) 1辺が80mmの正方形

（　　　　　）

4 〔長方形のたての長さ〕面積が78cm²で, 横の長さが6cmの長方形のたての長さは, 何cmでしょう。

（　　　　　）

5 〔長方形のたての長さ〕たてが6cm, 横が8cmの長方形があります。この長方形の面積を変えないで, 横の長さを4cmにすると, たての長さは何cmになるでしょう。

（　　　　　）

6 〔面積の大小〕まわりの長さが20cmになる長方形, 正方形をつくりました。それぞれ, たての長さは3cm, 4cm, 5cmです。どの四角形の面積がいちばん大きいでしょう。

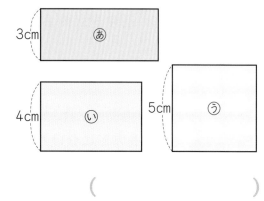

3cm あ

4cm い　5cm う

（　　　　　）

7 〔あつ紙の面積〕次のような形をしたあつ紙があります。このあつ紙の面積を求めましょう。

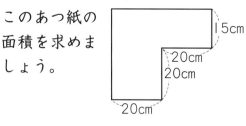

15cm　20cm　20cm　20cm

（　　　　　）

テストに出る問題

1 次の図形の面積を求めましょう。〔各8点…合計32点〕

(1) たてが28cm，横が25cmの長方形

〔　　　　　　〕

(2) まわりの長さが48cmの正方形

〔　　　　　　〕

(3) 1辺の長さが3cmの正方形の各辺を4倍にのばした正方形

〔　　　　　　〕

(4) まわりの長さが32cmで，たてが7cmの長方形

〔　　　　　　〕

2 下の方がんの1めもりは1cmです。あ，い，う，えの面積は，それぞれ何cm^{2}になるでしょう。〔各8点…合計32点〕

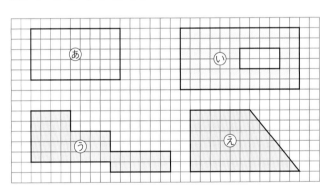

あ〔　　　　　　〕

い〔　　　　　　〕

う〔　　　　　　〕

え〔　　　　　　〕

3 下の図のような図形の面積を求めましょう。〔各12点…合計36点〕

(1)
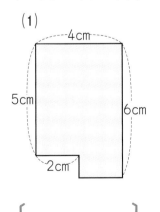

(2)

(3)
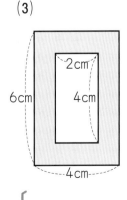

〔　　　　　〕　　〔　　　　　〕　　〔　　　　　〕

2 大きな面積の単位

問題1 m²（平方メートル）

たて3m，横6mの長方形の形をした花だんがあります。
この花だんの面積は何m²でしょう。

 1辺が1mの正方形の面積を1m²（1平方メートル）といいます。

1m²の正方形がいくつならぶかを考えて，花だんの面積を求めます。

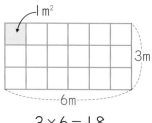

3×6=18

> 花だんや教室などの面積は，1m²を単位として考えます

答 18m²

コーチ
● 1辺が1mの正方形の面積を1平方メートルといい，

1m²

と書きます。

問題2 単位をそろえる

たて150cm，横6mの長方形の池があります。
この池の面積は何m²でしょう。

 長さの単位をcmにそろえると

たて150cm，

横6m＝600cm

長方形の面積の公式を使って

150×600＝90000（cm²）

この池の面積をm²単位になおします。

1m²＝10000cm²

なので

90000÷10000＝9（m²）

答 9m²

コーチ
● 1辺が1mの正方形の面積をcm²で表すと

100×100
＝10000（cm²）

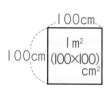

1m²＝10000cm²

たいせつポイント 面積の単位の使い方

ノート，色紙……cm^2	教室……m^2
田・畑……a, ha	町や市……km^2

 問題3 km^2（平方キロメートル）

たてが2km，横が5kmの長方形の形の土地があります。
この土地の面積は何km^{2}でしょう。

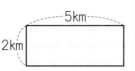

コーチ

● 1辺が1kmの正方形の面積を1平方キロメートルといい，1km^{2}と書きます。

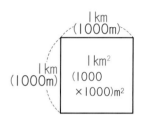

1km^2
＝1000000m^2

考え方 このような広い面積は，1辺が1kmの正方形の面積を単位とします。

1辺が1kmの正方形の面積を
1km^2（1平方キロメートル）
といいます。

この土地の面積は
2×5＝10

答 10km^2

 問題4 a（アール）

たてが20m，横が40mの長方形の形をした畑があります。
この畑の面積は何aでしょう。

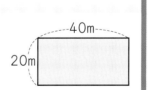

コーチ

● 1辺が10mの正方形の面積を1アールといい，1aと書きます。

1a＝100m^2

● 100aのことを1ヘクタールといい，1haと書きます。

1ha＝100a
　　＝10000m^2

考え方 広い土地の面積を表すとき，1辺が10mの正方形の面積を単位とすると，つごうがよい場合があります。1辺が10mの正方形の面積を1a（アール）といいます。

1a＝100m^2

この畑の面積は
20×40＝800（m^2）
800m^2＝8a

答 8a

 もっとくわしく はがきやノートなどの面積はcm^2，校庭や家のしき地などの面積はm^2，畑などの面積はaやha，国や県などの広い面積を表すときはkm^{2}を用います。

教科書のドリル

答え→別さつ22ページ

① 〔大きな面積〕次の面積を求めましょう。

(1) 1辺が12mの正方形の面積

（　　　　）

(2) たて14m，横49mの長方形の面積

（　　　　）

② 〔単位をそろえる〕次の面積を求めましょう。

(1) たて180cm，横10mの長方形の花だんの面積

（　　　　）

(2) たて2m，横50cmの長方形の土地の面積

（　　　　）

③ 〔正方形の土地を作る〕80mのなわで，正方形の土地をかこみました。あまりはなく，ちょうどかこめました。この土地の面積は何m²でしょう。

（　　　　）

④ 〔長方形の横の長さ〕面積が1500m²の長方形の畑がありました。たての長さをはかったら50mでした。横の長さは何mでしょう。

50m

（　　　　）

⑤ 〔面積の単位〕□にあてはまる数を書きましょう。

(1) 2m² = □ cm²

(2) 10000cm² = □ m²

(3) 1ha = □ a = □ m²

(4) 400m² = □ a

⑥ 〔aとha〕次の面積を求めましょう。

(1) たて50m，横30mの長方形の面積は何aでしょう。

（　　　　）

(2) 1辺が300mの正方形の面積は，何haでしょう。

（　　　　）

(3) たて4km，横9kmの長方形の土地の面積は何haでしょう。

（　　　　）

⑦ 〔ふくざつな土地の面積〕下の図のような土地があります。この土地の面積は何aでしょう。

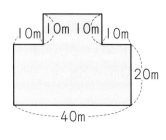

（　　　　）

テストに出る問題

答え → 別さつ23ページ
時間30分 合かく点80点 得点 ／100

1 □にあてはまる数を書きましょう。〔各6点…合計24点〕

(1) $2.6m^2 =$ □ cm^2

(2) $8000cm^2 =$ □ m^2

(3) $3000m^2 =$ □ ha

(4) $7km^2 =$ □ a

2 下の表は，いろいろなものの面積を調べてつくったものです。あてはまる単位をそれぞれ書き入れましょう。〔各6点…合計24点〕

ノート	教　室	運動場	市
320〔　　〕	84〔　　〕	90〔　　〕	50〔　　〕

3 次の図形の面積を求めましょう。〔各10点…合計30点〕

(1)

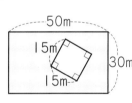

(2)

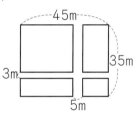

(3)

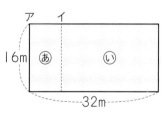

〔　　　　　〕　　〔　　　　　〕　　〔　　　　　〕

4 たて16m，横32mの長方形の土地を，あといの長方形に分けます。

いの面積をあの面積の3倍になるようにしたいと思います。〔各11点…合計22点〕

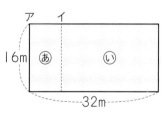

(1) アイの長さを何mにすればよいでしょう。

〔　　　　　〕

(2) このとき，あの面積は何m^2になるでしょう。

〔　　　　　〕

すすんだ問題

1 次の図形の面積を求めましょう。〔各10点…合計30点〕

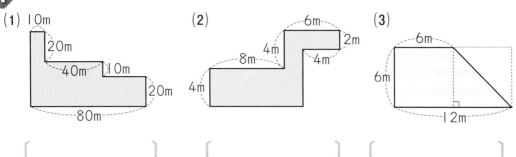

(1) 10m
20m
40m 10m
20m
80m

(2) 6m
4m 2m
8m 4m
4m

(3) 6m
6m
12m

〔　　　　〕　　　〔　　　　〕　　　〔　　　　〕

2 1辺の長さが18mの正方形の土地と同じ広さの長方形の土地があります。長方形の横の長さは27mです。たての長さはいくらでしょう。〔12点〕

〔　　　　〕

3 たてが30m，横が40mの長方形の畑があります。
　この畑を右のように区切って，3aを野菜畑にして，残りを麦畑にします。

〔各9点…合計18点〕

40m
野菜畑 麦畑 30m

(1) 麦畑の面積は何aでしょう。

〔　　　　〕

(2) 麦畑の横の長さは何mでしょう。

〔　　　　〕

4 たて30m，横60mの長方形の土地があります。この土地を下の図のように，あといに分け，いの面積はあの面積の2倍にします。

〔各10点…合計40点〕

60m
あ い 30m
30m

(1) あの面積は何m²でしょう。　〔　　　　〕

(2) あの長方形のたての長さは何mでしょう。

〔　　　　〕

(3) いの面積は何aでしょう。　〔　　　　〕

(4) 全体の面積は何haでしょう。　〔　　　　〕

11 分 数

★ 分数の表し方

> ▶ 真分数…分子＜分母の分数。
> 真分数は｜より小さい。
>
> 例 $\dfrac{1}{2}$, $\dfrac{2}{3}$, $\dfrac{6}{7}$
>
> ▶ 仮分数…分子＝分母
> 分子＞分母 ⎱ の分数
>
> 仮分数は｜に等しいか，｜より
>
> 大きい分数。例 $\dfrac{3}{2}$, $\dfrac{3}{3}$, $\dfrac{7}{4}$, $\dfrac{8}{8}$
>
> ▶ 帯分数…整数と真分数の和に
> なっている分数。例 $1\dfrac{1}{2}$, $2\dfrac{5}{8}$

★ 大きさの等しい分数

> ▶ $\dfrac{1}{2}$ と $\dfrac{2}{4}$ など，分母と分子がち
> がっても大きさの等しい分数は
> たくさんある。

★ 分数のたし算とひき算

> ▶ たし算
>
> 分子のたし算をする
>
> $\dfrac{2}{7}+\dfrac{3}{7}=\dfrac{5}{7}$
>
> 分母はそのまま
>
> $1\dfrac{1}{5}+2\dfrac{3}{5}=1+\dfrac{1}{5}+2+\dfrac{3}{5}$
>
> $=3+\dfrac{4}{5}=3\dfrac{4}{5}$
>
> ▶ ひき算
>
> 分子のひき算をする
>
> $\dfrac{7}{9}-\dfrac{2}{9}=\dfrac{5}{9}$
>
> 分母はそのまま
>
> 整数部分から
> くり下げる
>
> $3\dfrac{2}{7}-1\dfrac{3}{7}=2\dfrac{9}{7}-1\dfrac{3}{7}=1\dfrac{6}{7}$

1 分数のいろいろ

問題 1 　真分数・仮分数

次の分数を，｜より大きい分数，｜より小さい分数，｜と同じ分数に分けましょう。

$$\frac{3}{8} \quad \frac{4}{4} \quad \frac{8}{8} \quad \frac{3}{4} \quad \frac{11}{8} \quad \frac{7}{4} \quad \frac{1}{8}$$

コーチ

● 分数は，分子と分母の大きさで，次のように分けることができます。

真分数…分子が分母より小さい分数。

仮分数…分子が，分母に等しいか分母よりも大きい分数。

考え方 数直線を見て考えます。

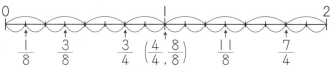

答 ｜より大きい分数　$\frac{11}{8}$，$\frac{7}{4}$

　　｜より小さい分数　$\frac{1}{8}$，$\frac{3}{8}$，$\frac{3}{4}$

　　｜と同じ分数　$\frac{4}{4}$，$\frac{8}{8}$

もっとくわしく

$\frac{1}{8}$, $\frac{3}{8}$, $\frac{3}{4}$ などを真分数
$\frac{11}{8}$, $\frac{7}{4}$, $\frac{4}{4}$, $\frac{8}{8}$ などを仮分数 } といいます。

問題 2 　帯分数

$\frac{7}{5}$ は｜とどんな数をあわせた数でしょう。

コーチ

● 帯分数……$1\frac{3}{4}$，$2\frac{5}{7}$ のように，整数と真分数の和で表される分数。

考え方

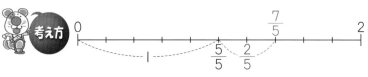

$\frac{7}{5}$ は｜と $\frac{2}{5}$ をあわせた数で，これを $1\frac{2}{5}$ と書きます。**答** $\frac{2}{5}$

もっとくわしく

$1\frac{2}{5}$ などの分数を帯分数といいます。

> 整数と真分数の和で表されている分数

分母が同じ分数では，分子の大きいほうが大きい。$\left(\dfrac{4}{5},\dfrac{3}{5}\right)\left(\dfrac{5}{6},\dfrac{5}{8}\right)$

分子が同じ分数では，分母の小さいほうが大きい。 大 小 大 小

問題3 帯分数→仮分数，仮分数→帯分数

$2\dfrac{1}{4}$ を仮分数になおしましょう。また，$\dfrac{7}{3}$ を帯分数になおしましょう。

● 帯分数は，仮分数になおすことができます。

仮分数は，帯分数か整数になおすことができます。

考え方

$\dfrac{1}{4}$ が4こ

$\dfrac{1}{4}$ が8こ

2は $\dfrac{1}{4}$ が8このので，$2\dfrac{1}{4}$ は $\dfrac{1}{4}$ を9こ集めた数です。

$4×2+1=9$ 分子

答 $2\dfrac{1}{4}=\dfrac{9}{4}$ 分母 整数部分

$\dfrac{7}{3}$ は，$\dfrac{3}{3}$, $\dfrac{3}{3}$, $\dfrac{1}{3}$ をあわせた数，つまり2と $\dfrac{1}{3}$ をあわせた数です。

$\dfrac{3}{3}$ は1

$7÷3=2$ あまり1

答 $\dfrac{7}{3}=2\dfrac{1}{3}$ 分母 整数部分 分子

問題4 大きさの等しい分数

次の分数のうち，$\dfrac{1}{2}$ と同じ大きさの分数をいいましょう。

$$\dfrac{2}{3}, \dfrac{2}{4}, \dfrac{3}{5}, \dfrac{3}{6}$$

● 分数では，分母や分子がちがっていても，大きさの等しい分数がたくさんあります。

考え方

次のような数直線を使って調べます。

$\dfrac{1}{2}$ の下にたてにならんでいる分数が等しい分数です。

答 $\dfrac{2}{4}, \dfrac{3}{6}$

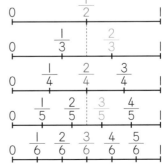

教科書のドリル

答え → 別さつ23ページ

1 〔分数の意味〕（　　　　）の中にあてはまる数をいいましょう。

(1) $\frac{8}{7}$は（　　　　）を8こ集めた数。

(2) $1\frac{5}{6}$は$\frac{1}{6}$を（　　　　）こ集めた数。

2 〔真分数と仮分数〕次の分数を真分数と仮分数に分けましょう。

$$\frac{7}{3}, \frac{5}{5}, \frac{6}{7}, \frac{9}{8}, \frac{9}{10}$$

真分数（　　　　　　）

仮分数（　　　　　　）

3 〔仮分数→帯分数〕次の分数を整数か帯分数になおしましょう。

(1) $\frac{8}{3}$ （　　　　）

(2) $\frac{15}{4}$ （　　　　）

(3) $\frac{13}{6}$ （　　　　）

(4) $\frac{8}{2}$ （　　　　）

4 〔帯分数→仮分数〕次の分数を仮分数になおしましょう。

(1) $1\frac{1}{4}$ （　　　　）

(2) $2\frac{2}{7}$ （　　　　）

(3) $4\frac{1}{3}$ （　　　　）

(4) $3\frac{5}{8}$ （　　　　）

5 〔数直線と分数〕下の㋐, ㋑を, 帯分数と仮分数で表しましょう。

```
0        1        2        3
├─┴─┴─┴─┼─┴─┴─┴─┼─┴─┴─┴─┤
              ↓㋐           ↓㋑
```

㋐（　　　　）, （　　　　）

㋑（　　　　）, （　　　　）

6 〔等しい分数〕次の□の中にあてはまる数を入れましょう。

(1) $\frac{13}{7} = 1\frac{\square}{7}$

(2) $1\frac{1}{3} = \frac{4}{\square}$

(3) $1 = \frac{\square}{8}$

(4) $\frac{7}{4} = \square\frac{3}{4}$

7 〔分数の大きさ〕次の分数で, 大きいほうの数を丸で囲みましょう。

(1) $\left(1\frac{1}{10}, \frac{12}{10}\right)$

(2) $\left(1\frac{2}{3}, \frac{4}{3}\right)$

(3) $\left(2\frac{4}{6}, \frac{15}{6}\right)$

(4) $\left(1\frac{3}{5}, \frac{9}{5}\right)$

8 〔分数の大きさ〕次の分数を大きい順にならべましょう。

(1) $\frac{8}{5}, 1\frac{2}{5}, 2$

（　　　　　　　　）

(2) $\frac{4}{7}, \frac{5}{7}, \frac{5}{6}$

（　　　　　　　　）

テストに出る問題

答え → 別さつ24ページ
時間30分 合かく点80点 得点 ／100

1 次の〔　　　〕の中にあてはまる数を書きましょう。〔各5点…合計20点〕

(1) $\frac{15}{7}$は$\frac{1}{7}$を〔　　　　〕こ集めた数です。

(2) 〔　　　　〕は$\frac{1}{5}$を8こ集めた数です。

(3) $1\frac{4}{9}$は〔　　　　〕を13こ集めた数です。

(4) 1は$\frac{1}{15}$を〔　　　　〕こ集めた数です。

2 次の分数で，仮分数は帯分数に，帯分数は仮分数になおしましょう。

〔各4点…合計32点〕

(1) $\frac{4}{3}$〔　　　〕 (2) $\frac{9}{2}$〔　　　〕 (3) $\frac{11}{5}$〔　　　〕 (4) $\frac{17}{8}$〔　　　〕

(5) $1\frac{5}{7}$〔　　　〕 (6) $1\frac{4}{5}$〔　　　〕 (7) $2\frac{3}{4}$〔　　　〕 (8) $3\frac{2}{9}$〔　　　〕

3 次の数直線で，⑦〜⊕のめもりにあたる分数を書きましょう。

〔各5点…合計20点〕

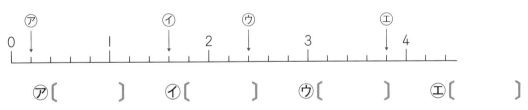

⑦〔　　　〕 ⑦〔　　　〕 ⑦〔　　　〕 ⊕〔　　　〕

4 次の分数を，大きい順にならべましょう。〔各9点…合計18点〕

(1) $2\frac{1}{7}$, $\frac{12}{7}$, $1\frac{6}{7}$, $\frac{22}{7}$ 〔　　　　　　　　　〕

(2) $\frac{13}{5}$, 2, $1\frac{1}{3}$, $2\frac{1}{5}$ 〔　　　　　　　　　〕

5 水が$\frac{1}{5}$L入るコップがあります。このコップで6ぱい分の水は何Lでしょう。

〔10点〕

〔　　　　　　　　　〕

2 分数のたし算とひき算

問題 1 分数のたし算

$\dfrac{4}{7}$ mのテープと$\dfrac{5}{7}$ mのテープがあります。

このテープをあわせると，全体の長さは何mになるでしょう。

 考え方 全体の長さを求める式は $\dfrac{4}{7}+\dfrac{5}{7}$

$\dfrac{1}{7}$ が何こあるか考えます。

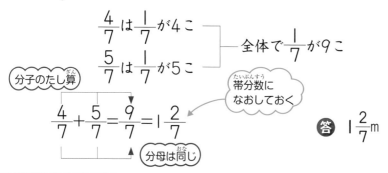

$\dfrac{4}{7}$ は$\dfrac{1}{7}$ が4こ

$\dfrac{5}{7}$ は$\dfrac{1}{7}$ が5こ — 全体で$\dfrac{1}{7}$ が9こ

分子のたし算

帯分数に
なおしておく

$\dfrac{4}{7}+\dfrac{5}{7}=\dfrac{9}{7}=1\dfrac{2}{7}$

分母は同じ

答 $1\dfrac{2}{7}$ m

コーチ

● 分母が同じ分数のたし算は，

分母はそのまま分子だけのたし算をします。

$$\frac{\bigcirc}{\Box}+\frac{\triangle}{\Box}=\frac{\bigcirc+\triangle}{\Box}$$

問題 2 帯分数のたし算

面積が$2\dfrac{3}{5}$ m^{2}と$1\dfrac{4}{5}$ m^{2}の2つの花だんがあります。

花だんの面積は，あわせて何m^{2}でしょう。

 考え方 帯分数のたし算は，整数は整数どうし，分数は分数どうしします。

$2\dfrac{3}{5}=2+\dfrac{3}{5}$， $1\dfrac{4}{5}=1+\dfrac{4}{5}$ だから

$2\dfrac{3}{5}+1\dfrac{4}{5}=\left(2+\dfrac{3}{5}\right)+\left(1+\dfrac{4}{5}\right)$

分数部分の和

整数部分の和

$=(2+1)+\left(\dfrac{3}{5}+\dfrac{4}{5}\right)$

$=3+\dfrac{7}{5}=3\dfrac{7}{5}=4\dfrac{2}{5}$

答 $4\dfrac{2}{5}$ m^2

コーチ

● 帯分数のたし算は，

整数部分の和
と
分数部分の和
をあわせます。

たいせつ ポイント 分母が同じとき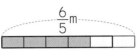

問題 **3** 分数のひき算

$\frac{6}{5}$mのリボンがあります。

$\frac{4}{5}$m使うと，残りは何mになるでしょう。

● 分母が同じ分数
のひき算は，
分母はそのまま
分子だけのひき算
をします。

考え方 残りの長さを求める式は $\frac{6}{5} - \frac{4}{5}$

$\frac{1}{5}$が何こあるか考えます。

$\frac{6}{5}$は$\frac{1}{5}$が6こ

$\frac{4}{5}$は$\frac{1}{5}$が4こ

ひくと$\frac{1}{5}$が2こ

分子のひき算

$\frac{6}{5} - \frac{4}{5} = \frac{2}{5}$

分母は同じ

答 $\frac{2}{5}$m

問題 **4** 帯分数のひき算

油が$3\frac{1}{7}$Lあります。$1\frac{2}{7}$L使うと，残りは何Lになるでしょう。

● 帯分数のひき算
は，
整数部分の差
と
分数部分の差
をあわせます。

考え方 帯分数のたし算と同じように，整数部分と分数部分に分けて計算します。

$$3\frac{1}{7} - 1\frac{2}{7} = \left(3 + \frac{1}{7}\right) - \left(1 + \frac{2}{7}\right)$$

ひけない

分数部分がひけないので，整数部分からくり下げて

$3\frac{1}{7}$を$2\frac{8}{7}$と考えます。

分数部分がひけない
ときは，整数部分か
らくり下げます

$2-1=1$

$8-2=6$

$$3\frac{1}{7} - 1\frac{2}{7} = 2\frac{8}{7} - 1\frac{2}{7} = 1\frac{6}{7}$$

答 $1\frac{6}{7}$L

分母はそのまま

教科書のドリル

答え → 別さつ25ページ

❶ 〔分数のたし算〕次のたし算をしましょう。

(1) $\dfrac{4}{5} + \dfrac{2}{5}$ 　　(2) $\dfrac{6}{7} + \dfrac{3}{7}$

(3) $\dfrac{2}{4} + \dfrac{3}{4}$ 　　(4) $\dfrac{5}{9} + \dfrac{8}{9}$

(5) $\dfrac{2}{6} + \dfrac{5}{6}$ 　　(6) $\dfrac{3}{8} + \dfrac{5}{8}$

❷ 〔帯分数のたし算〕次のたし算をしましょう。

(1) $1\dfrac{1}{3} + \dfrac{1}{3}$ 　　(2) $1\dfrac{1}{5} + \dfrac{3}{5}$

(3) $\dfrac{5}{7} + 2\dfrac{6}{7}$ 　　(4) $2\dfrac{5}{8} + \dfrac{7}{8}$

(5) $1\dfrac{5}{6} + 2\dfrac{4}{6}$ 　　(6) $3\dfrac{5}{9} + 1\dfrac{8}{9}$

❸ 〔分数のひき算〕次のひき算をしましょう。

(1) $\dfrac{5}{3} - \dfrac{4}{3}$ 　　(2) $\dfrac{6}{5} - \dfrac{4}{5}$

(3) $\dfrac{9}{7} - \dfrac{6}{7}$ 　　(4) $\dfrac{7}{5} - \dfrac{3}{5}$

(5) $\dfrac{10}{9} - \dfrac{4}{9}$ 　　(6) $\dfrac{5}{8} - \dfrac{5}{8}$

❹ 〔帯分数のひき算〕次のひき算をしましょう。

(1) $2\dfrac{4}{9} - \dfrac{2}{9}$ 　　(2) $4\dfrac{6}{7} - \dfrac{4}{7}$

(3) $7\dfrac{1}{5} - \dfrac{3}{5}$ 　　(4) $4 - \dfrac{1}{4}$

(5) $2\dfrac{1}{3} - 1\dfrac{2}{3}$ 　　(6) $4\dfrac{1}{8} - 3\dfrac{4}{8}$

❺ 〔分数のたし算・ひき算〕次の計算をしましょう。

(1) $\dfrac{9}{8} - \dfrac{6}{8} + \dfrac{1}{8}$

(2) $1 - \dfrac{5}{6} + \dfrac{2}{6}$

(3) $1\dfrac{4}{9} + 2\dfrac{1}{9} - 1\dfrac{8}{9}$

❻ 〔たし算・ひき算の文章題〕みかんを $3\dfrac{1}{5}$ kg買ってきて，$2\dfrac{3}{5}$ kg食べました。ところが，となりから $1\dfrac{2}{5}$ kgのみかんをもらいました。今，みかんは何kgあるでしょう。

(　　　　　　　)

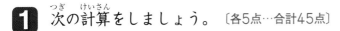

テストに出る問題

1 次の計算をしましょう。〔各5点…合計45点〕

(1) $\dfrac{4}{7}+\dfrac{5}{7}$

(2) $\dfrac{4}{5}+\dfrac{4}{5}$

(3) $4\dfrac{7}{9}+\dfrac{8}{9}$

(4) $2\dfrac{5}{6}+1\dfrac{1}{6}$

(5) $\dfrac{9}{7}-\dfrac{8}{7}$

(6) $\dfrac{3}{10}-\dfrac{3}{10}$

(7) $1\dfrac{3}{4}-\dfrac{2}{4}$

(8) $3\dfrac{5}{9}-1\dfrac{7}{9}$

(9) $5-1\dfrac{5}{6}$

2 次の計算をしましょう。〔各7点…合計21点〕

(1) $\dfrac{8}{7}-\dfrac{4}{7}+\dfrac{1}{7}$

(2) $3\dfrac{2}{5}+\dfrac{1}{5}-\dfrac{4}{5}$

(3) $2\dfrac{2}{3}-\dfrac{1}{3}-1\dfrac{2}{3}$

3 テープを$2\dfrac{4}{9}$m使いましたが，まだ$4\dfrac{7}{9}$m残っています。
はじめに何mあったのでしょう。〔10点〕

〔　　　　　　　　　〕

4 $1\dfrac{3}{4}$kgのかごに，りんごを入れてはかったら，$6\dfrac{1}{4}$kgありました。
りんごは何kgあるのでしょう。〔12点〕

〔　　　　　　　　　〕

5 たつやさんは，社会と算数をあわせて$4\dfrac{1}{6}$時間勉強しました。そのうち，
社会は$1\dfrac{5}{6}$時間でした。
算数は何時間勉強したのでしょう。〔12点〕

〔　　　　　　　　　〕

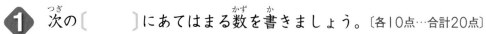
❶ 次の〔　　〕にあてはまる数を書きましょう。〔各10点…合計20点〕

(1) $\frac{1}{7}$を18こ集めた数を仮分数で表すと〔　　　〕，帯分数で表すと〔　　　〕

(2) $2\frac{4}{9}$と$\frac{19}{9}$とでは，〔　　　〕のほうが〔　　　〕だけ大きい。

❷ 次の分数のうち，仮分数は帯分数か整数に，帯分数は仮分数になおしましょう。〔各5点…合計30点〕

(1) $\frac{54}{6}$〔　　　〕　　(2) $1\frac{11}{15}$〔　　　〕　　(3) $\frac{22}{9}$〔　　　〕

(4) $7\frac{9}{10}$〔　　　〕　　(5) $\frac{36}{7}$〔　　　〕　　(6) $4\frac{7}{8}$〔　　　〕

❸ 次の計算をしましょう。〔各5点…合計30点〕

(1) $3\frac{5}{6}+1\frac{4}{6}+2$　　(2) $3\frac{8}{9}+1\frac{4}{9}+\frac{5}{9}$　　(3) $2\frac{1}{3}-\frac{1}{3}-1\frac{1}{3}$

(4) $4\frac{5}{8}-\frac{3}{8}-3\frac{7}{8}$　　(5) $2\frac{1}{4}-\frac{3}{4}+1\frac{1}{4}$　　(6) $3\frac{8}{15}+2\frac{4}{15}-1\frac{7}{15}$

❹ 4より大きく，5より小さい分数のうち，分母が9の分数で，いちばん大きい分数と，いちばん小さい分数の差はいくらでしょう。〔10点〕

〔　　　　　　　　〕

❺ ある数から$\frac{3}{7}$をひくのに，まちがえて$\frac{3}{7}$をたしたため，答えが1になりました。
この計算の正しい答えはいくらでしょう。〔10点〕

〔　　　　　　　　〕

12 変わり方調べ

教科書の まとめ

☆ 変わり方と表

▶ 2つの量の変わり方を表に表すと，**変わり方のきまり**が見つけやすくなります。

例 8このみかんを兄と弟に分けるとき

1こずつふえる

兄（こ）	1	2	3	4	5	6	7
弟（こ）	7	6	5	4	3	2	1

1こずつへる

〔この表からわかること〕

①兄と弟のこ数の和はいつも8こ

②兄のこ数が1ふえれば，弟のこ数は1へる

③弟のこ数が1ふえれば，兄のこ数は1へる

☆ 変わり方と式

▶ □や△を使って，変わり方を式に表すことがある。

例 左の例で，兄のこ数を□こ，弟のこ数を△ことすると

$$□＋△＝8$$

☆ いろいろな変わり方

▶ △＋□＝8…和はいつも同じ

△－□＝8…△から□をひいた差はいつも同じ

$\frac{△}{□}$＝8…△を□でわった商はいつも同じ

△×□＝8…積はいつも同じ

☆ 表の利用

▶ 2つの量の関係を表した文章題は，表をかいて変わり方のきまりを見つけるとよい。

1 変わり方調べ

問題1　□と△を使った式(1)

コーチ

12このあめを，あきらさんと弟で分けます。あきらさんの数を□こ，弟の数を△ことして，いろいろな分け方の数の組をつくりましょう。
また，□と△の関係を式に表しましょう。

● ともなって変わる2つの量を，□や△として表すことがあります。

考え方　あきらさんと弟のあめの数の和が12こになることに目をつけて，表にまとめます。　　答　下の表

□(こ)	11	10	9	8	7	6	5	4	3	2	1
△(こ)	1	2	3	4	5	6	7	8	9	10	11

□が1こずつへっていくと，
△は1こずつふえていく

また，□と△の和は，いつも12ですから，
□+△＝12と表せます。　　　　　答　□+△＝12

和が一定

問題2　□と△を使った式(2)

コーチ

1さつ80円のノートを買います。
買う数を□さつ，そのときの代金を△円として，□と△の関係を式に表しましょう。
また，□が1ふえるごとに，△はどれだけふえますか。

● ともなって変わる2つの量の関係を

表にかいたり
式に表したり

すると，変わり方のきまりが見つけやすくなります。

考え方　代金を求める言葉の式から考えます。

1さつのねだん×さつ数＝代金
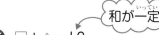
80　×　□　＝　△

答　80×□＝△

また，□と△の関係を表にまとめると

□(さつ)	1	2	3	4	5
△(円)	80	160	240	320	400

80　　80　　80　　80

答　□が1ふえると△は80ふえる。

変わり方のきまりを見つけたいときは，表やグラフをかいてみるとよいでしょう。

問題3 表を使った問題

びんに水を1dL，2dL，3dL，…と入れていって重さをはかったら，次の表のようになりました。

水のかさ(dL)	1	2	3	4	5	…
重さ(g)	450	550	650	750	850	…

(1) 水を8dL入れたときの重さは何gでしょう。

(2) びんの重さは何gでしょう。

● 〔変わり方のきまりの見つけ方〕
1つのものをじゅんじょよく変えていくとき，もう1つのものがどうなっているかを調べます。

考え方 水が1dLから2dLにふえると，重さは100gふえます。2dLから3dLになるときも100gふえます。
水が1dLふえると，重さが100gふえます。

(1) 5dLのとき850gで，8dLでは3dL分の300gふえます。
850＋300＝1150　　　　　　　答 1150g

(2) 1dLの水を入れた重さ450gから100gをひきます。
450－100＝350　　　　　　　答 350g

問題4 表を使ってとく問題

兄と弟でえんぴつ16本を分けます。兄の分を弟の分より10本多くするには，それぞれ何本ずつ分ければよいでしょう。

● 変わり方のきまりを見つけるには表をかいて調べるとよいのです。

考え方 16本を8本ずつに分けておいてから，兄の分を1本ずつふやしていきます。

兄の分を1本ふやすと，弟の分は1本へるので，兄が9本，弟が7本となります。このようにして，ちがいが10本になる分け方をさがします。

兄(本)	8	9	10	11	12	13
弟(本)	8	7	6	5	4	3
差(本)	0	2	4	6	8	10

差は2本ずつ
ふえていく

和はどこも16

答 兄が13本，弟が3本

教科書のドリル

答え→別さつ26ページ

❶ 〔□と△を使った式〕長さ1cmのひごを20本ならべて長方形をつくります。たての長さを□cm、横の長さを△cmとして、□と△の関係を式に書きなさい。

（　　　　　　　　　）

❷ 〔変わり方調べ〕1辺の長さが□cm、まわりの長さが△cmの正三角形があります。

(1)　□と△の関係を式に書きましょう。（　　　　　　　）

(2)　□が1ずつふえていくと、△はどのように変わっていくでしょう。

（　　　　　　　　　）

❸ 〔変わり方調べ〕たての長さが□cm、横の長さが△cmで、面積が24cm²の長方形があります。

(1)　□と△の関係を式に書きましょう。（　　　　　　　）

(2)　□が6のとき、△はいくつでしょう。（　　　　　　　）

❹ 〔表を使った問題〕下の表は、父と子の年令を表しています。

	今	1年後	2年後	3年後
父(才)	38	39	40	41
子(才)	10	11	12	13

父の年令を□才、子の年令を△才として、□と△の関係を式に書きましょう。（　　　　　　　）

❺ 〔表を使った問題〕まんじゅうを買うのに、箱に入れてもらいます。まんじゅうのこ数と代金の関係は、次のようです。

こ数(こ)	5	6	7	8	9
代金(円)	550	630	710	790	870

(1)　まんじゅう1このねだんは何円でしょう。

（　　　　　　　　　）

(2)　箱のねだんは何円でしょう。

（　　　　　　　　　）

(3)　まんじゅうが20このときの代金はいくらでしょう。

（　　　　　　　　　）

❻ 〔表を使った問題〕かいとさんは300円、お姉さんは230円持っています。今日から、かいとさんは20円、お姉さんは30円ずつ毎日ためることにしました。

日数(日)	はじめ	1	2	3
かいと(円)	300	320		
姉(円)	230	260		
差(円)	70	60		

(1)　何日目に2人の差が30円になるでしょう。

（　　　　　　　　　）

(2)　何日目に2人のお金がいっしょになるでしょう。

（　　　　　　　　　）

テストに出る問題

答え→別さつ27ページ　時間20分　合かく点80点　得点　／100

1　みかんとりんごをあわせて30こ買いました。みかんの数を□こ，りんごの数を△ことして，□と△の関係を式に書きましょう。〔15点〕

〔　　　　〕

2　1本30円のえん筆を買います。買った数を□本，代金を△円とします。

〔各8点…合計32点〕

(1)　□と△の関係を式に書きましょう。　〔　　　　〕

(2)　□が1ずつふえていくと，△はどのように変わっていくでしょう。

〔　　　　〕

(3)　□が12のとき，△はいくらでしょう。　〔　　　　〕

(4)　△が180のとき，□はいくらでしょう。　〔　　　　〕

3　おはじきを下の図のように，三角形の形にならべます。〔合計38点〕

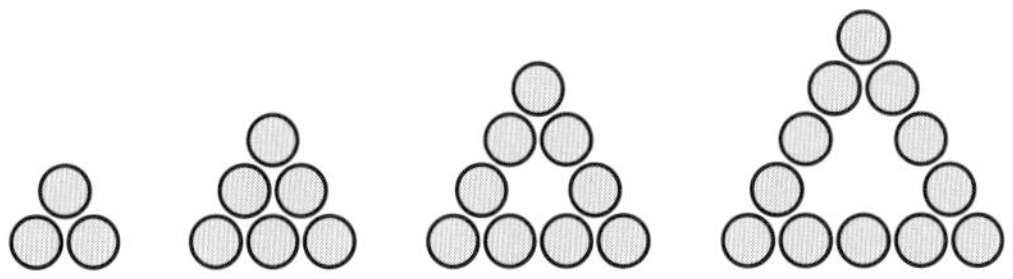

(1)　次の表に数を入れましょう。(14点)

1辺の数(こ)	2	3	4	5	6	7	8	
まわりの数(こ)								

(2)　1辺の数が1こふえると，まわりの数は何こふえるでしょう。(8点)

〔　　　　〕

(3)　1辺の数が15このとき，まわりの数は何こでしょう。(8点)

〔　　　　〕

(4)　1辺の数を□こ，まわりの数を△ことして，□と△の関係を式に書きましょう。(8点)　〔　　　　〕

4　色紙30まいを，兄と弟で分けます。兄が弟より8まい多くなるようにするには，どのように分ければよいでしょう。〔15点〕

〔　　　　〕

すすんだ問題

答え→別さつ27ページ
時間20分　合かく点75点　得点　／100

1 兄と弟がみかんを20こずつ持っています。弟が兄に何こかあげたので，兄のみかんの数は，弟のみかんの数の4倍になりました。〔各10点…合計20点〕

(1) 弟は兄に何こあげたのでしょう。〔　　〕

(2) 兄のみかんの数は何こでしょう。〔　　〕

2 ご石を下のように，三角形の形にならべていきます。〔各10点…合計30点〕

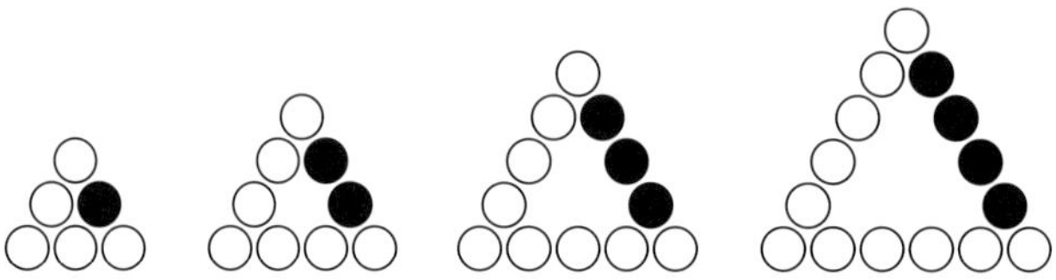

(1) 黒のご石が8このとき，白のご石は何こでしょう。〔　　〕

(2) 白のご石が25このとき，黒のご石は何こでしょう。〔　　〕

(3) 黒のご石を□こ，白のご石を△ことしたとき，□と△の関係を式に書きましょう。〔　　〕

3 右の表は，水そうに水を入れたようすを表しています。〔各10点…合計30点〕

時間(分)	1	2	3	4	5
水の深さ(cm)	6	12	18	24	30

(1) 時間を□分，水の深さを△cmとして，□と△の関係を式に書きましょう。〔　　〕

(2) 90分では，水の深さは何cmになるでしょう。〔　　〕

(3) 深さが90cmになるには，何分かかりますか。〔　　〕

4 兄は1分間に60mずつ歩いて，家から駅へ行きました。3分後に，弟が1分間に80mずつ走って兄を追いかけました。〔各10点…合計20点〕

(1) 兄が家を出てから3分後に，兄は家から何mのところにいますか。〔　　〕

(2) 兄が家を出てから何分後に，弟は兄に追いつくでしょう。〔　　〕

13 がい数の 表し方

⭐ がい数の求め方

切り上げ，切り捨てのほか，四捨五入がある。

▶ 四捨五入…求めようとする位の1つ下の位の数字が0，1，2，3，4のときは切り捨て，5，6，7，8，9のときは切り上げる。

▶ はんいの表し方

以上…20以上とは，20と等しいかそれより大きい数。

未満…20未満とは，20より小さい数。（20は入らない。）

以下…20以下とは，20と等しいかそれより小さい数。

⭐ がい数を使った計算

和・差の見積もり

それぞれの数を，求めようとする位までのがい数にしてから計算する。

例 千の位までのがい数で求める。

$$\begin{array}{r} 18529 \\ +63074 \\ \hline 81603 \end{array} \rightarrow \begin{array}{r} 19000 \\ +63000 \\ \hline 82000 \end{array}$$

$$\begin{array}{r} 96703 \\ -28154 \\ \hline 68549 \end{array} \rightarrow \begin{array}{r} 97000 \\ -28000 \\ \hline 69000 \end{array}$$

積・商の見積もり

それぞれの数を，がい数にしてから計算する。

1 およその数の表し方

問題 1 がい数

ある市の人口は，女が138828人で，男が
132456人だそうです。
それぞれ約何万人といえばよいでしょう。

● およその数のことを

がい数

といいます。
「およそ」のことを「約」ともいい，
およそ13万人は
約13万人ともいいます。

 考え方 それぞれの数を，下のような直線の上に表してみます。

上の図から，
138828は14万に近いので，約14万。
132456は13万に近いので，約13万。

答 男…約13万人，女…約14万人

問題 2 四捨五入

次の数を，四捨五入して一万の位までのがい数にしましょう。

(1) 487965　　(2) 73218　　(3) 396098

● ある数を，ある位までのがい数で表すには，そのすぐ下の位の数字が
0，1，2，3，4のときは切り捨て，
5，6，7，8，9のときは切り上げます。
このしかたを

四捨五入

といいます。

 考え方 一万の位のすぐ下の千の位の数字が，
0，1，2，3，4のとき　切り捨て
5，6，7，8，9のとき　切り上げ

(1)　4 8 7̶ 9 6 5　　**答** 490000

(2)　7 3 2̶ 1̶ 8̶　　**答** 70000

(3)　3 9 6̶ 0̶ 9̶ 8̶　　**答** 400000

たいせつ ポイント がい数を求めるときは，何の位まで求めるのかを，はっきりさせることがたいせつです。

問題3 がい数のはんい

四捨五入して百の位までのがい数にしたとき，4500になる整数は，どんなはんいにあるでしょう。

● 四捨五入で十の位を切り上げて4500になる整数は，4450から4499まで。

● 四捨五入で十の位から下を切り捨てて4500になる整数は，4500から4549まで。

 考え方 百の位までのがい数にするのだから，四捨五入するのは十の位です。四捨五入して4500になる，いちばん大きい数といちばん小さい数を求めます。

四捨五入して4500になるいちばん大きい数は4549です。
また，四捨五入して4500になるいちばん小さい数は4450です。

```
4450   4500   4549
```
このはんい

答 4450から4549まで

 もっとくわしく これは「4450以上4549以下」または「4450以上4550未満」ということもできます。

問題4 ぼうグラフへの利用

右の表は，4つの市の人口を表しています。10000人を1cmにしたぼうグラフをかくとき，それぞれの市の人口を表すぼうの長さは何cm何mmですか。

東市	184650人
西市	112236人
南市	47389人
北市	88902人

● がい数は，ぼうグラフのぼうの長さを求めるときなどに用います。

 考え方 1000人が1mmにあたります。そこで，それぞれの市の人口を

東市	185000人
西市	112000人
南市	47000人
北市	89000人

四捨五入で，千の位までのがい数にすると，右のようになります。

東市は18cm5mm，西市は11cm2mm，…となります。

答 東市…18cm5mm，西市…11cm2mm，
南市…4cm7mm，北市…8cm9mm

教科書のドリル

答え→別さつ28ページ

❶ 〔がい数〕次の数のうちで，約8万といえるのはどれでしょう。

① 86020 ② 74890
③ 77940 ④ 85930

（　　　　　）

❷ 〔四捨五入〕次の数を，四捨五入して千の位までのがい数で表しましょう。

(1) 6142 (2) 82615
（　　　　） （　　　　）

(3) 40791 (4) 49673
（　　　　） （　　　　）

❸ 〔四捨五入〕次の数を，四捨五入して上から2けたのがい数で表しましょう。

(1) 7559 (2) 4245
（　　　　） （　　　　）

(3) 35862 (4) 395421
（　　　　） （　　　　）

❹ 〔がい数のはん囲〕次の数は，四捨五入して一万の位までのがい数で表すと，どれも14万になるそうです。
□にあてはまる数をすべていいましょう。

(1) 13□817 （　　　　　）

(2) 14□817 （　　　　　）

❺ 〔がい数のはん囲〕四捨五入して，十の位までのがい数にしたとき，340になる整数は，いくつ以上いくつ以下でしょう。

（　　　　）以上（　　　　）以下

❻ 〔がい数の利用〕自動車1万台を1cmの長さのぼうで表すぼうグラフがあります。

(1) このグラフで，1mmは何台を表しているでしょう。

（　　　　　）

(2) 8cm5mmは，何台を表しているでしょう。

（　　　　　）

❼ 〔がい数の利用〕次の数のうち，がい数で表してもいいものはどれでしょう。

① 電話番号
② 野球場の入場者数
③ 住所の番地
④ 東京，京都間のきょり

（　　　　　）

テストに出る問題

答え→別さつ28ページ　時間20分　合かく点80点　得点　／100

1 次の数を四捨五入して，〔　〕の中の位までのがい数で表しましょう。

〔各5点…合計30点〕

(1) 4732　〔百〕
［　　　　］

(2) 5201　〔百〕
［　　　　］

(3) 23489　〔千〕
［　　　　］

(4) 29780　〔千〕
［　　　　］

(5) 439784　〔一万〕
［　　　　］

(6) 235008　〔一万〕
［　　　　］

2 次の数を四捨五入して，上から2けたのがい数で表しましょう。

〔各5点…合計30点〕

(1) 4625
［　　　　］

(2) 89428
［　　　　］

(3) 29500
［　　　　］

(4) 124299
［　　　　］

(5) 201563
［　　　　］

(6) 709801
［　　　　］

3 町の人口を四捨五入して上から2けたのがい数にしたら，28000人になりました。
町の人口は何人以上何人未満でしょう。

〔各6点…合計12点〕

［　　　　］人以上［　　　　］人未満

4 右の表は，4つの市の人口を表したものです。
千人を1mmとしてぼうグラフをかくと，それぞれの市の人口のぼうの長さは何cm何mmになるでしょう。

〔各7点…合計28点〕

市	人　口(人)
㋐	204048
㋑	79864
㋒	84921
㋓	194804

㋐［　　　　］　㋑［　　　　］

㋒［　　　　］　㋓［　　　　］

②　がい数を使った計算

問題① 見積もり (1)

あるデパートの日曜日の来店者数は，男の人が5637人，女の人が16218人だったそうです。
男の人と女の人の人数の和は，少なくとも何千人といえばよいでしょう。

● ある数を多く見積もるときは，そのすぐ下の位を切り上げ，少なく見積もるときは切り捨てます。

 考え方 それぞれの数を求めようとする位までのがい数にして計算します。

まず，男女の人数を千の位までのがい数にすると

少なく見積もるので百の位を切り捨てる

男の人　5 6 3 7　➡　5000（人）

女の人　1 6 2 1 8　➡　16000（人）

和は　5000+16000=21000（人）

答 少なくとも21000人

〔切り上げ〕
9
1 8 5 2 9
↓
19000

〔切り捨て〕
0
4 7 3 6 2
↓
47000

問題② 見積もり (2)

ある市の人口を地区別に調べたら，右の表のようになりました。
市全体の人口は，約何万人といえばよいでしょう。

ある市の人口（人）	
東地区	81906
西地区	37554
南地区	113263
北地区	61037

● けた数の多い数のたし算は，和の見当をつけてから計算します。
● 求める位までのがい数にしてから，和を求めます。

 考え方 各地区の人数を一万の位までのがい数にしてから，和を求めます。

四捨五入するのは千の位

東地区　8 1 9 0 6　➡　　80000
西地区　3 7 5 5 4　➡　　40000
南地区　1 1 3 2 6 3　➡　110000
北地区　6 1 0 3 7　➡　　60000
　　　　　　　　　　　合計　290000

ここを四捨五入

答 約29万人

およその数のことをがい数というんだ。

計算の答えをがい数で見積もるときには，どの位まで求めるかを，はっきりさせることが大事です。

問題3 和・差の見積もり

右の表は，昨年と今年の自動車の生産台数を，種類別に表したものです。
昨年と今年の生産台数の合計のちがいは，約何万台でしょう。

自動車の生産台数(台)

	昨年	今年
乗用車	5431045	5975968
トラック	3034981	3237066
バス	48496	56119

● ちがいは約何万台であるかを問われているので，千の位を四捨五入して求めます。
└ 1つ下の位

 それぞれの年の生産台数の合計を一万の位までのがい数で求めると

四捨五入でがい数にするんだ。

〔昨　年〕　　　〔今　年〕

```
   543万        598万
   303万        324万
 +   5万      +   6万
 ─────────    ─────────
   851万(台)    928万(台)
```

したがって，昨年と今年の合計台数の差は

928−851＝77(万台)　　　　　答　約77万台

問題4 積・商の見積もり

あるクラス38人が電車で遠足に行きました。電車代は1人720円でした。クラス全員の電車代は約何円でしょう。次の遠足ではバスを借りました。バス代は57250円でした。1人分のバス代は約何円でしょう。上から1けたのがい数にして見積もりましょう。

● 上から1けたのがい数にするので，上から2けためを四捨五入します。

 38人→40人　　720円→700円
よって，電車代は700×40＝28000(円)

答　約28000円

38人→40人　　57250円→60000円
よって，1人分のバス代は　60000÷40＝1500(円)

答　約1500円

教科書のドリル

答え→別さつ29ページ

1 〔和の見積もり〕次の計算において, 和を千の位までのがい数で見積もりましょう。

(1) 5653+4820

(　　　　　)

(2) 1350+6735

(　　　　　)

(3) 37471+16789

(　　　　　)

(4) 3249+7656+1080

(　　　　　)

(5) 9940+2151+2783

(　　　　　)

(6) 8759+1254+4751

(　　　　　)

2 〔差の見積もり〕次の計算において, 答えを千の位までのがい数で見積もりましょう。

(1) 9473−5049

(　　　　　)

(2) 4362−2897

(　　　　　)

(3) 74932−36201

(　　　　　)

(4) 8529+3460−9378

(　　　　　)

(5) 5478−1735−962

(　　　　　)

(6) 86007−59268+8905

(　　　　　)

3 〔積と商の見積もり〕次の積や商を, 上から1けたのがい数にして見積もりましょう。

(1) 245×624

(　　　　　)

(2) 3655×6382

(　　　　　)

(3) 752÷21

(　　　　　)

(4) 8715÷62

(　　　　　)

4 〔がい数を使って〕下の表は, ある国の地いき別人口を表したものです。

ある国の地いき別人口

	人口(人)	がい数(人)
A 州	5543961	
B 州	103810393	
C 州	4003459	
D 州	14593962	
合計		

(1) それぞれの人数を百万の位までのがい数にして, 上の表に書き入れましょう。

(2) D州の人口は, A州とC州の人口の合計より約何百万人多いでしょう。

(　　　　　)

テストに出る問題

答え → 別さつ29ページ
時間 **30**分　合かく点 **80**点　得点　／**100**

1 次の和や差を，千の位までのがい数で求めましょう。〔各5点…合計20点〕

(1)　　　7 3 5 6 1
　　　＋ 9 4 4 8 3

(2)　　　3 0 4 2 8 1
　　　＋　 4 9 9 2 6

(3)　　　9 2 7 2 1
　　　－ 4 9 2 5 7

(4)　　1 4 8 9 6 2
　　　－　 8 7 2 9 1

2 次の積や商を，上から2けたのがい数にして見積もりましょう。

〔各10点…合計40点〕

(1) 2362×3243 〔　　　　〕　(2) 16492×18402 〔　　　　〕
(3) 2424÷118 〔　　　　〕　(4) 39508÷162 〔　　　　〕

3 みさとさんの市の小学生は17683人で，中学生は8537人です。

〔各10点…合計20点〕

(1) 小学生，中学生は，あわせて約何万何千人でしょう。

〔　　　　　　〕

(2) 小学生は，中学生より約何千人多いでしょう。

〔　　　　　　〕

4 下の表は，地球上の陸と海の面積を表したものです。〔各10点…合計20点〕

(1) 北半球と南半球の陸の面積のちがいは，約何千万km²でしょう。

〔　　　　　　〕

(2) 北半球の海の面積は，南半球の陸の
面積の約何倍でしょう。千万の位まで
のがい数にして見積もりましょう。

〔　　　　　　〕

陸と海の面積(km²)

	北半球	南半球
陸	100278000	48612000
海	154695000	206364000

さがしものは？

はるこさん，なつおさん，あきこさん，ふゆおさんの4人が数_{かず}を
さがしています。それぞれさがしている数はどれでしょう？

答え_{こた}➡**141**ページ

14 小数のかけ算とわり算

教科書のまとめ★

★ 小数のかけ算

▶ 4.2×6の筆算

$$
\begin{array}{r}
4.2 \\
\times\ \ 6 \\
\hline
252
\end{array}
\Rightarrow
\begin{array}{r}
4.2 \\
\times\ \ 6 \\
\hline
252
\end{array}
\Rightarrow
\begin{array}{r}
4.2 \\
\times\ \ 6 \\
\hline
25.2
\end{array}
$$

4.2の2の下に6を書く	小数点を考えず，整数のかけ算と同じように計算	かけられる数にそろえて積の小数点をうつ

▶ 0.27×46の筆算

$$
\begin{array}{r}
0.27 \\
\times\ 46 \\
\hline
162
\end{array}
\Rightarrow
\begin{array}{r}
0.27 \\
\times\ 46 \\
\hline
162 \\
108
\end{array}
\Rightarrow
\begin{array}{r}
0.27 \\
\times\ 46 \\
\hline
162 \\
108 \\
\hline
12.42
\end{array}
$$

★ 小数のわり算

▶ 8.2÷3の筆算

$$
\begin{array}{r}
2\ \ \\
3\overline{)8.2} \\
6\ \ \\
\hline
2\ \
\end{array}
\Rightarrow
\begin{array}{r}
2.\ \ \\
3\overline{)8.2} \\
6\ \ \\
\hline
2\ \
\end{array}
\Rightarrow
\begin{array}{r}
2.7 \\
3\overline{)8.2} \\
6\ \ \\
\hline
22 \\
21 \\
\hline
0.1
\end{array}
$$

8.2の整数部分の8を3でわる	わられる数の小数点にそろえて，商の小数点をうつ	わられる数の小数点にそろえて，あまりの小数点をうつ

★ 小数の倍

▶ 何倍かを表すときに，整数だけでなく，小数を使うこともある。

1 小数のかけ算

問題1 小数×1けたの数(1)

ジュースを1人に0.3Lずつ6人に配ります。
ジュースは何Lいるでしょう。

コーチ

● 0.3×6は
0.1が(3×6)こ
と考えます。

考え方 式は0.3×6となります。

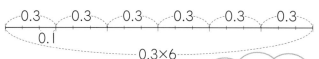

0.3は0.1が3こ
0.3の6倍は0.1が(3×6)こ
　　　　　　　↓　　　　↓
　　　0.1が　　18こ
0.3×6=1.8

0.1が何こ分あるか
を考えます

答 1.8L

問題2 小数×1けたの数(2)

ひかるさんは，1日に2.8dLずつ牛にゅうを飲みます。
1週間では，何dL飲むことになるでしょう。

コーチ

●〔小数×整数の
筆算〕
①小数点を考えな
いで，整数のかけ
算と同じように計
算。
②積の小数点は，
かけられる数の小
数点にそろえてう
ちます。

考え方 式は2.8×7となります。
2.8は0.1が28こ，
2.8の7倍は0.1が(28×7)こで，
　　　　　　　↓　　　　↓
　　　0.1が　　196こ
2.8×7=19.6

答 19.6dL

筆算では，次のようにします。

```
   2.8          2.8          2.8
×    7   →   ×    7   →   ×    7
             1 9 6        1 9.6
```

2.8の8
の下に7
をかく

小数点を考えないで，
整数のかけ算と同じ
ように計算する

かけられる数に
そろえて，積の
小数点をうつ

たいせつ ポイント 小数のかけ算は，整数のかけ算と同じように計算します。
積の小数点は，かけられる数の小数点にそろえてうちます。

問題 3　小数×1けたの数 (3)

1mの重さが1.24kgの鉄のぼうがあります。
この鉄のぼう5mでは，何kgになるでしょう。

● 6.20は6.2と同じ大きさです。6.20の0は6.20のように消しておきます。

 考え方

式は1.24×5
1.24kgは0.01kgが124こ
1.24の5倍は0.01が(124×5)こ
　　　　　↓　　　↓
　　0.01 が　　620こ
1.24×5=6.2

答　6.2kg

0はないものと考えます

筆算では，整数のかけ算と同じように，たてにそろえて，右の位から計算していきます。

$$
\begin{array}{r}
1.24 \\
\times\quad 5 \\
\hline
6.20 \\
\end{array}
$$

問題 4　小数×2けたの数

1本が2.4mのひもを，18本つくります。
全部で何mのひもがいるでしょう。

● かける数が2けたのときも，整数のかけ算と同じように計算します。
積の小数点は，かけられる数の小数点にそろえてうちます。

 考え方

式は2.4×18
かける数が2けたのときも，計算のしかたは，1けたのときと同じです。

$$
\begin{array}{r}
2.4 \\
\times\ 18 \\
\hline
\end{array}
\Rightarrow
\begin{array}{r}
2.4 \\
\times\ 18 \\
\hline
192 \\
24\ \ \\
\hline
432 \\
\end{array}
\Rightarrow
\begin{array}{r}
2.4 \\
\times\ 18 \\
\hline
192 \\
24\ \ \\
\hline
43.2 \\
\end{array}
$$

| 2.4の2の下に1，4の下に8をかく | 整数のかけ算と同じように計算する | 積の小数点をうつ |

答　43.2m

教科書のドリル

答え→別さつ30ページ

① 〔小数のかけ算〕次のかけ算をしましょう。

(1) 0.2×3　　(2) 0.5×7

(3) 0.4×6　　(4) 0.04×9

(5) 0.09×8　　(6) 0.06×5

(7) 0.2×40　　(8) 0.5×20

(9) 0.7×60　　(10) 0.8×50

② 〔かけ算の筆算〕次のかけ算をしましょう。

(1)
$$\begin{array}{r} 8.7 \\ \times \quad 3 \\ \hline \end{array}$$

(2)
$$\begin{array}{r} 9.4 \\ \times \quad 7 \\ \hline \end{array}$$

(3)
$$\begin{array}{r} 6.2 \\ \times \quad 8 \\ \hline \end{array}$$

(4)
$$\begin{array}{r} 3.8 \\ \times \quad 5 \\ \hline \end{array}$$

(5)
$$\begin{array}{r} 7.6 \\ \times \quad 6 \\ \hline \end{array}$$

(6)
$$\begin{array}{r} 8.6 \\ \times \quad 4 \\ \hline \end{array}$$

(7)
$$\begin{array}{r} 0.23 \\ \times \quad 3 \\ \hline \end{array}$$

(8)
$$\begin{array}{r} 0.027 \\ \times \quad 6 \\ \hline \end{array}$$

③ 〔小数×1けたの数〕次のかけ算をしましょう。

(1)
$$\begin{array}{r} 1.34 \\ \times \quad 3 \\ \hline \end{array}$$

(2)
$$\begin{array}{r} 9.25 \\ \times \quad 5 \\ \hline \end{array}$$

(3)
$$\begin{array}{r} 20.5 \\ \times \quad 4 \\ \hline \end{array}$$

(4)
$$\begin{array}{r} 32.6 \\ \times \quad 8 \\ \hline \end{array}$$

(5)
$$\begin{array}{r} 0.365 \\ \times \quad 4 \\ \hline \end{array}$$

(6)
$$\begin{array}{r} 0.128 \\ \times \quad 3 \\ \hline \end{array}$$

④ 〔小数×2けたの数〕次のかけ算をしましょう。

(1)
$$\begin{array}{r} 4.2 \\ \times \quad 16 \\ \hline \end{array}$$

(2)
$$\begin{array}{r} 2.9 \\ \times \quad 28 \\ \hline \end{array}$$

(3)
$$\begin{array}{r} 6.4 \\ \times \quad 37 \\ \hline \end{array}$$

(4)
$$\begin{array}{r} 8.1 \\ \times \quad 49 \\ \hline \end{array}$$

(5)
$$\begin{array}{r} 0.54 \\ \times \quad 27 \\ \hline \end{array}$$

(6)
$$\begin{array}{r} 0.25 \\ \times \quad 16 \\ \hline \end{array}$$

⑤ 〔かけ算の文章題〕1本1.84mのリボンを15本作ります。リボンは何mいるでしょう。

(　　　　　　　)

1 次のかけ算をしましょう。〔各4点…合計24点〕

(1) 0.8×7 　　(2) 0.6×6 　　(3) 0.07×3

(4) 0.09×5 　　(5) 0.07×9 　　(6) 0.08×5

2 次のかけ算をしましょう。〔各4点…合計32点〕

(1)
```
   7.6
×    3
```
(2)
```
  0.3 9
×     7
```
(3)
```
   4.3
×    8
```
(4)
```
  0.0 5 3
×       4
```

(5)
```
  1 2.3
×     4
```
(6)
```
  4.2 3
×     5
```
(7)
```
  7.0 8
×     8
```
(8)
```
  0.2 1 5
×       8
```

3 次のかけ算をしましょう。〔各5点…合計20点〕

(1)
```
    3.4
×  2 6
```
(2)
```
   0.7 5
×    3 7
```
(3)
```
   6.2 5
×    8 8
```
(4)
```
  0.3 2 7
×      2 4
```

4 1.8dL入りのジュースのかんが2ダースあります。
みんなで何dLあるでしょう。〔12点〕

〔　　　　　　　〕

5 0.25mのリボン28本と，0.5mのリボン30本を作ります。
リボンは全部で何mいるでしょう。〔12点〕

〔　　　　　　　〕

②小数のわり算

問題 ① 小数÷1けたの数 (1)

1.2Lのジュースを，3人で同じように分けます。1人分は何Lになるでしょう。

コーチ

● 1.2÷3は
0.1が（12÷3）こと考えます。

考え方 式は1.2÷3となります。

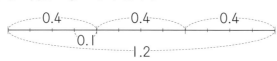

1.2は0.1が12こ
1.2÷3は0.1が（12÷3）こ
　　　　　↓が　　↓こ
　　　　0.1が　4こ
1.2÷3=0.4

答 0.4L

問題 ② 小数÷1けたの数 (2)

9.6mのリボンを，4人で同じように分けます。
1人分は何mになるでしょう。

コーチ

●〔小数÷整数の筆算〕
①整数と同じように計算していきます。
②商の小数点は，わられる数の小数点にそろえてうちます。

考え方 式は9.6÷4　　9.6は0.1が96こ
9.6÷4は0.1が（96÷4）こ
　　　　　　0.1が　24こ
9.6÷4=2.4

答 2.4m

〔筆算〕

```
    2           2.          2.4
4)9.6   →   4)9.6   →   4)9.6
  8           8            8
  1          16           16
                          16
                           0
```

9.6の整数部分の9を4でわる	わられる数の小数点にそろえて，商の小数点をうつ	あとは，整数のわり算と同じように計算する

商の小数点はわられる数の小数点の真上にうちます

たいせつポイント 小数のわり算は，整数のわり算と同じように計算します。
商やあまりの小数点は，わられる数の小数点にそろえてうちます。

問題 **3** あまりのあるわり算

テープが45.2mあります。これを12人で同じ長さに分けたいと思います。

1人分の長さは何mになるでしょう。$\frac{1}{10}$の位まで求めて，あまりも出しましょう。

● 小数のわり算で，あまりが出るとき，あまりの小数点は，わられる数の小数点にそろえてうちます。

式は45.2÷12
筆算で計算すると，右のようになります。

右のあの8は，0.1が8このことで，
あまりは0.8
45.2÷12=3.7あまり0.8

```
      3.7
12)  4 5.2
     3 6
       9 2
       8 4
       0.8  ← あ
```

あまりの小数点はわられる数の小数点の真下にうちます

答 1人分は3.7mで0.8m残る

問題 **4** わり進む筆算

19Lの油を4つのびんに同じように分け，あまりが出ないようにします。
1つのびんに何Lずつ入れるとよいでしょう。

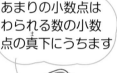

● わり切れないわり算では，商をてきとうな位まで求めて，がい数で表すことがあります。

式は19÷4
19を19.0，19.00などと考えます。

```
    4              4.7            4.75
4)1 9        4)1 9          4)1 9
  1 6          1 6            1 6
    3            3 0            3 0
                 2 8            2 8
                   2              2 0
                                 2 0
                                   0
```

0をつけたして，計算をつづけることができます

答 4.75L

教科書のドリル

答え→別さつ30ページ

① 〔小数のわり算〕次のわり算をしましょう。

(1) $0.9 \div 3$

(2) $3.6 \div 4$

(3) $0.04 \div 2$

(4) $0.42 \div 6$

(5) $1 \div 5$

(6) $4 \div 8$

② 〔わり算の筆算〕次のわり算をしましょう。

(1) $6\,)\overline{5.4}$

(2) $4\,)\overline{9.2}$

(3) $8\,)\overline{9.6}$

(4) $3\,)\overline{0.36}$

(5) $6\,)\overline{98.4}$

(6) $8\,)\overline{32.8}$

(7) $6\,)\overline{4.02}$

(8) $5\,)\overline{2.65}$

③ 〔わり算の筆算〕次のわり算をしましょう。

(1) $26\,)\overline{5.46}$

(2) $36\,)\overline{57.6}$

(3) $24\,)\overline{25.44}$

(4) $32\,)\overline{0.416}$

④ 〔あまりのあるわり算〕次のわり算で，商を $\frac{1}{10}$ の位まで求め，あまりも出しましょう。

(1) $6\,)\overline{45.2}$

(2) $7\,)\overline{26.8}$

⑤ 〔わり進むわり算〕次のわり算をわり切れるまでしましょう。

(1) $6\,)\overline{1.5}$

(2) $12\,)\overline{10.2}$

⑥ 〔倍の問題〕たくやさんの歩はばは45cmです。公園のすな場のまわりの長さは18m27cmでした。すな場のまわりの長さはたくやさんの歩はばの何倍ですか。

(   )

テストに出る問題

1 次のわり算をしましょう。〔各4点…合計16点〕

(1) $7.2 \div 9$　　(2) $3.6 \div 6$　　(3) $0.56 \div 7$　　(4) $0.2 \div 4$

2 次のわり算をしましょう。〔各6点…合計36点〕

(1) $3 \overline{)5.4}$　　(2) $6 \overline{)11.4}$　　(3) $5 \overline{)27.5}$

(4) $8 \overline{)2.08}$　　(5) $26 \overline{)5.98}$　　(6) $36 \overline{)97.2}$

3 次のわり算を, わり切れるまでしましょう。〔各6点…合計18点〕

(1) $6 \overline{)51}$　　(2) $4 \overline{)18.6}$　　(3) $15 \overline{)6.12}$

4 商を四捨五入によって, $\frac{1}{10}$ の位まで求めましょう。〔各6点…合計18点〕

(1) $6 \overline{)19.3}$　　(2) $8 \overline{)97.4}$　　(3) $29 \overline{)74.2}$

5 水500mL, お茶700mL, 牛にゅう1200mLがあります。お茶, 牛にゅうの量は水の量の何倍ですか。それぞれ求めましょう。〔各6点…合計12点〕

お茶〔　　　　　　　〕, 牛にゅう〔　　　　　　　〕

すすんだ問題

① 次のかけ算をしましょう。〔各8点…合計48点〕

(1)
$$\begin{array}{r} 0.007 \\ \times\quad 38 \\ \hline \end{array}$$

(2)
$$\begin{array}{r} 70.9 \\ \times\quad 48 \\ \hline \end{array}$$

(3)
$$\begin{array}{r} 0.465 \\ \times\quad 89 \\ \hline \end{array}$$

(4)
$$\begin{array}{r} 4.21 \\ \times\quad 290 \\ \hline \end{array}$$

(5)
$$\begin{array}{r} 0.625 \\ \times\quad 200 \\ \hline \end{array}$$

(6)
$$\begin{array}{r} 10.8 \\ \times\quad 500 \\ \hline \end{array}$$

② 次のわり算をしましょう。わり切れないときは，商を $\frac{1}{100}$ の位まで求めて，あまりも出しましょう。〔各8点…合計24点〕

(1) $79\overline{)37.92}$

(2) $42\overline{)10.7}$

(3) $702\overline{)77.22}$

③ 10.5cmの紙テープを15まいつなぎあわせて，1まいの長い紙テープを作ります。
つなぎ目に7mmずつ使うと，紙テープの長さは何cmになるでしょう。〔14点〕

〔　　　　　　　〕

④ 1.2kgの箱にかんづめを24こ入れました。すると，全体の重さは10.8kgになりました。かんづめ1この重さは何kgでしょう。〔14点〕

〔　　　　　　　〕

15 直方体と立方体

☆ 直方体と立方体

▶ **直方体**……長方形だけ，または長方形と正方形でかこまれた箱の形。

例 マッチ箱

▶ **立方体**……正方形だけでかこまれた箱の形。例 さいころ

☆ 辺や面の垂直・平行

▶ 向かい合っている面は平行，となり合っている面は垂直。

▶ １つの辺に平行な辺は３つ，垂直な辺は４つ。

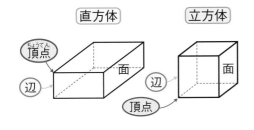

☆ 見取図と展開図

▶ **見取図**……立体を見たままの形で表した図。
見えない線は点線でかく。

▶ **展開図**……立体を，つながり方を変えないで，平面の上に広げた図。

直方体や立方体の展開図は，いく通りにもかけます

☆ 位置の表し方

▶ 平面上の点の位置は，
(たて，横)の長さの組で表す。

▶ 空間の点の位置は
(たて，横，高さ)の長さの組で表す。

1 直方体と立方体

問題 1 直方体の面・辺・頂点

右の直方体について，次の問い
に答えましょう。

(1) どんな大きさの面が何組あ
りますか。

(2) どんな長さの辺が何本ありますか。

(3) 頂点はいくつありますか。

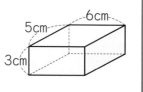

● 長方形や，長方
形と正方形でかこ
まれた箱の形を
直方体
といいます。

● 正方形だけでか
こまれた箱の形を
立方体
といいます。

 (1) 直方体の向かい合った面は同じ大きさです。

答 2辺が5cmと6cmの長方形が1組
2辺が5cmと3cmの長方形が1組
2辺が3cmと6cmの長方形が1組

(2) 向かい合った面が同じ大きさなので，向かい合った
辺の長さも同じです。

答 6cmの辺が4本，5cmの辺が4本，3cmの辺が4本

(3) 頂点の数は8こです。 **答** 8こ

問題 2 辺や面の垂直・平行

右の立方体について，次の問いに答え
ましょう。

(1) 辺ABに平行な辺はどれですか。

(2) 辺BCに垂直な辺はどれですか。

(3) 面あに平行な面はどれですか。

(4) 面あに垂直な面はどれですか。

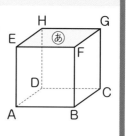

● 直方体や立方体
では，1つの辺に
平行な辺は3本，
垂直な辺は4本あ
ります。

● 向かい合った面
は平行で，となり
合った面は垂直で
す。

● 1つの面に平行
な辺は4本，垂直
な辺も4本ありま
す。

 (1) 辺ABと向かい合っている辺です。

答 辺EF，辺HG，辺DC

(2) 辺BCと交わっている辺です。

答 辺AB，辺BF，辺CG，辺CD

(3) 面あと向かい合っている面です。 **答** 面ABCD

(4) 面あととなり合っている面です。

答 面EABF，面FBCG，面GCDH，面HDAE

たいせつポイント　直方体や立方体の面の数…6，辺の数…12，頂点の数…8
向かい合っている面は平行，となり合っている面は垂直

問題 3　展開図

右の図は，立方体の展開図です。

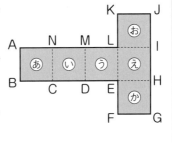

(1)　辺ABと重なる辺はどれでしょう。

(2)　頂点Kと重なる頂点はどれでしょう。

(3)　面①と平行になる面はどれでしょう。

● 直方体や立方体などをつながり方を変えないで，平面の上に広げた図を
展開図
といいます。

● 全体の形を見やすくかいた図を
見取図
といいます。

考え方　きじゅんになる面や辺を決め，見取図をかいて考えます。

(1)　辺ABと重なる辺はIHです。
　　　答　辺IH

(2)　頂点Kと重なる頂点はMです。
　　　答　頂点M

(3)　面①と向かい合う面です。
　　　答　面え

問題 4　位置の表し方

右の図は，たて4cm，横5cm，高さ3cmの直方体です。

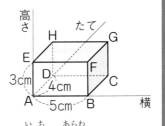

(1)　頂点Aをもとにすると，たて4cm，横5cm，高さ3cmにある頂点はどれですか。

(2)　頂点Aをもとにして，頂点Hの位置を表しなさい。

● 平面にあるものの位置は，ある点から
（たて，横）の長さの組で表します。

● 空間にあるものの位置は，ある点から
（たて，横，高さ）の長さの組で表します。

考え方　空間の位置は，たて，横，高さの3つの方向で表します。

(1)　頂点Aから，たて4cm，横5cmはCの位置，そして高さが3cmなので，頂点Gが求める位置です。
　　　答　頂点G

(2)　頂点Aから見て，頂点Hの位置をたて，横，高さで表します。
　　　答　（たて4cm，横0cm，高さ3cm）

教科書のドリル

答え→別さつ32ページ

1 〔直方体の頂点, 辺〕下の図のような直方体を, ひごとねん土の玉で作ります。

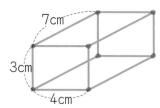

(1) ねん土の玉は何こいるでしょう。　　　（　　　　　）

(2) ひごは全部で何cmいるでしょう。　　　（　　　　　）

2 〔辺や面の垂直・平行〕下の図のような直方体について, 次の問いに答えましょう。

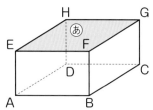

(1) 辺EAに平行な辺はどれでしょう。　　　（　　　　　）

(2) 辺ABに垂直な辺はどれでしょう。　　　（　　　　　）

(3) 面あに平行な面はどれでしょう。　　　（　　　　　）

(4) 面あに垂直な面はどれでしょう。　　　（　　　　　）

(5) 面あに平行な辺はどれでしょう。　　　（　　　　　）

(6) 面あに垂直な辺はどれでしょう。　　　（　　　　　）

3 〔展開図〕下の図は, 直方体の展開図です。これを組み立ててできる直方体について答えましょう。

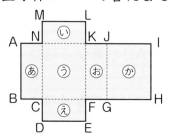

(1) あの面と平行な面はどれでしょう。　　　（　　　　　）

(2) いの面と垂直な面はどれでしょう。　　　（　　　　　）

(3) 辺ABと平行になる辺はどれでしょう。　　　（　　　　　）

4 〔見取図と展開図〕右の図は, 直方体の見取図です。

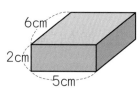

この直方体の展開図をかきましょう。

5 〔位置の表し方〕下の図のように, 点イの真上3mのところに点ウがあります。点アをもとにして, 点ウの位置を表しましょう。

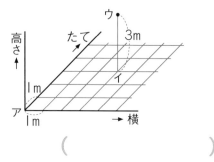

（　　　　　）

テストに出る問題

答え→別さつ33ページ
時間**20**分　合かく点**80**点　得点／100

1 次の〔　　　〕の中に，あてはまる数を書きましょう。〔各5点…合計30点〕

(1) 直方体の面の数は〔　　　〕で，同じ大きさの面が〔　　　〕つずつ，〔　　　〕組あります。

(2) 立方体の辺の数は〔　　　〕，面の数は〔　　　〕で，1つの頂点に集まる辺の数は〔　　　〕です。

2 右の図を見て，次の問いに答えましょう。〔各5点…合計20点〕

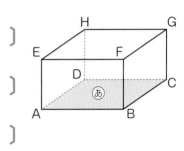

(1) 辺FBに平行な辺はどれでしょう。
〔　　　　　　〕

(2) 辺BCに垂直な辺はどれでしょう。
〔　　　　　　〕

(3) 面㋐に平行な面はどれでしょう。
〔　　　　　　〕

(4) 面㋐に垂直な面はどれでしょう。
〔　　　　　　〕

3 右の図は，さいころの展開図です。さいころの向かい合った面の数の和は，7になっています。
右の図の㋐，㋑，㋒の面の数は，それぞれいくらでしょう。〔各10点…合計30点〕

㋐〔　　　　　〕　㋑〔　　　　　〕　㋒〔　　　　　〕

4 右の図のような直方体があります。
点アをもとにして，点イ，点ウの位置を表しましょう。〔各10点…合計20点〕

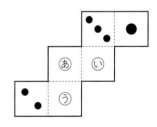

点イ〔　　　　　〕　点ウ〔　　　　　〕

すすんだ問題

1 右の図は，直方体の見取図です。〔各9点…合計36点〕

(1) 面EFGHに平行な辺はどれでしょう。

〔　　　　　　　　〕

(2) 辺EFに平行な面はどれでしょう。

〔　　　　　　　　〕

(3) 辺EFに垂直な面はどれでしょう。

〔　　　　　　　　〕

(4) 面ADHEに垂直な辺はどれでしょう。

〔　　　　　　　　〕

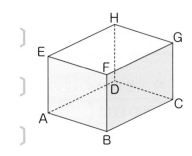

2 右の図は，立方体の展開図です。〔各10点…合計50点〕

(1) 辺ANと重なる辺はどれでしょう。

〔　　　　　　　　〕

(2) 辺BCと重なる辺はどれでしょう。

〔　　　　　　　　〕

(3) 点Gと重なる点はどれでしょう。

〔　　　　　　　　〕

(4) 面EFGHと平行な面はどれでしょう。

〔　　　　　　　　〕

(5) 面EFGHと垂直な面はどれでしょう。

〔　　　　　　　　〕

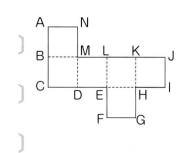

3 立方体の積み木が，右の図のように積んであります。
アの積み木をもとにして表すと，イの積み木の位置は

(2，3，5)

と表せます。
同じように考えて，積み木ウ，エの位置を表しましょう。

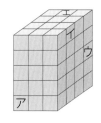

〔各7点…合計14点〕

ウ〔　　　　　　　　〕，エ〔　　　　　　　　〕

16 問題の考え方

教科書の
まとめ

★ 問題の考え方

▶ 順にもどして考える

例 「ある数に13をたして，38をひくと20になったときのある数」

（とき方）

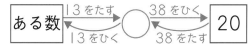

$$20+38-13=45$$ 答 45

▶ 共通部分に目をつけて考える

例 「りんご1ことかき1この代金が320円で，りんご2ことかき1この代金が520円のとき，りんご1このねだん」

（とき方）

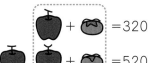

$$520-320=200$$ 答 200円

▶ ちがいに目をつけて考える

例 「男子と女子の合計は32人で，男子が女子より4人多いとき，女子の人数」

（とき方）

男┣━━━━━┫4人┃
女┣━━━━┫　　　┃32人

$$32-4=28$$
$$28÷2=14$$ 答 14人

▶ 何倍かに目をつけて考える

例 「150cmのテープを2つに切って，長いほうを短いほうの2倍にするとき，短いほうの長さ」

（とき方）

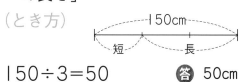

$$150÷3=50$$ 答 50cm

1 問題の考え方

問題 1 順にもどして考える

同じねだんのハンカチをたくさん売っています。3まい買えば1000円になり、これは1まいずつばらばらに買うより50円安くなるそうです。このハンカチ1まいのねだんはいくらでしょう。

● 整理して図に表すとわかりやすい。

 下のように整理して考えましょう。

(1000+50)÷3＝350（円）

└─ ばらばらに3まい買ったときのねだん

答 350円

350×3＝1050
1050－1000＝50
3まいばらばらに買うより50円安いので正しい。

問題 2 共通部分に目をつけて考える

りんご1ことみかん3この代金は330円で、これと同じりんご1ことみかん5この代金は、450円になります。りんごとみかんそれぞれ1このねだんはいくらでしょう。

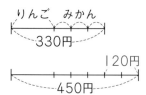

● 図をかいて、どの部分が共通なのかを考えましょう。
● 線分図に表すこともできます。

りんご　みかん

330円

120円

450円

 りんごとみかんの代金の関係を図に表すと、下のようになります。

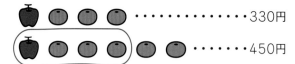
・・・・・・・・・330円

・・・・・・・・・450円

したがって、みかん2つ分のねだんは、
450－330＝120（円）となります。
りんごのねだんは、330円からみかん3こ分のねだんをひいたものになります。

(450－330)÷2＝60（円）　　330－60×3＝150（円）

答 りんご150円、みかん60円

りんご1ことみかん5こ
150＋60×5
＝150＋300
＝450円　正しい。

問題3 ちがいに目をつけて考える

2m80cmのリボンをゆきさんと妹で分けます。ゆきさんのほうが30cm長くなるようにすると、それぞれのリボンの長さはどれだけになるでしょう。

コーチ

● ちがいをひいて考えることも、たして考えることもできます。

考え方 整理して図に表すと、次のようになります。

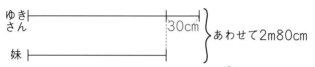

2m80cmから30cmひいた長さが妹の長さの2倍になります。

$(280-30) \div 2 = 125$ (cm) → 1m25cm

←cmに単位をそろえる

30cmを加えればゆきさんの長さになります。

$125 + 30 = 155$ (cm) → 1m55cm

答 ゆきさんが1m55cm、妹が1m25cm

たしかめ

2人の長さをたすともとの長さになるはず。
155+125
=280(cm)
正しい。

別の考え方 妹のほうがゆきさんより短い30cm分をはじめに加えて考えることもできます。

$(280+30) \div 2 = 155$ (cm) ——→ ゆきさん

$155 - 30 = 125$ (cm) ——→ 妹

問題4 何倍かに目をつけて考える

今、けんとさんとお母さんの年令の合計は45才で、お母さんの年令はけんとさんの4倍です。2人の年令はそれぞれいくつでしょうか。

コーチ

● 図をかいて、合計が求める量の何倍になっているかを考えましょう。

考え方 図に表してみましょう。

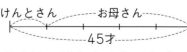

図から、2人の年令をあわせた45才は、けんとさんの年令の5倍であることがわかります。

$45 \div 5 = 9$ (才) → けんとさん

お母さんの年令はけんとさんの4倍ですから

$9 \times 4 = 36$ (才) → お母さん **答** けんとさん9才、お母さん36才

たしかめ

2人の年令の合計は45才のはず。
9+36=45(才)
正しい。

1 〔順にもどす〕ももこさんの拾ったどんぐりの数は，あと4こで30こになります。ななこさんは，ももこさんの2倍の数のどんぐりを拾いました。ななこさんの拾ったどんぐりの数はいくつでしょう。

( )

2 〔共通部分に目をつける〕かごにりんごを5こ入れてもらったら1100円になり，りんごを7こにすると1420円です。かごのねだんとりんご1このねだんをそれぞれ求めましょう。

( )

3 〔ちがいに目をつける〕ある物語の本の上巻と下巻を買ったら，合計1500円でした。下巻のほうが40円高かったそうです。上巻と下巻のねだんはそれぞれいくらでしょう。

( )

4 〔何倍かに目をつける〕たつやさんの家から学校までは800mで，学校から駅までは，家から学校までの2倍あります。家から学校の前を通って，駅まで行くと，何kmになるでしょう。

( )

たつやさんの家　学校　駅

5 〔順にもどす〕あすかさんは，たくさんのシールを持っていたので，持っていない3人のお友だちに同じ数ずつあげて，4人の持っているまい数が同じになるようにしました。そのあとお姉さんから5まいもらったので13まいになりました。はじめ，あすかさんはシールを何まい持っていたのでしょう。

( )

6 〔共通部分に目をつける〕ノート2さつとえん筆5本を買ったら700円，同じノート2さつとえん筆7本を買ったら860円でした。ノート1さつのねだんとえん筆1本のねだんを求めましょう。

( )

7 〔ちがいに目をつける〕ある日の昼の長さは，夜の長さより1時間30分短かったそうです。この日の昼と夜の時間を求めましょう。

( )

8 〔何倍かに目をつける〕だいすけさんの持っているお金は，バットのねだんの$\frac{1}{4}$ですが，600円のボールなら持っているお金の半分で買えます。バットのねだんはいくらでしょう。

( )

1 子ども会で，1人800円ずつ会費を集めています。子ども会の人数はみんなで28人です。そのうち何人かが持ってくるのをわすれましたが，今日集まったお金と去年の残り1800円とをあわせると，全部で21000円でした。わすれた人は何人でしょう。〔20点〕

〔　　　　　　　〕

2 2つの整数があります。この2つの数の和は86で，差は22です。この2つの数を求めましょう。〔25点〕

〔　　　　　　　〕

3 びんにジュースをいっぱい入れてはかると900gありました。半分を飲んでもう1度はかると700gでした。〔合計35点〕

(1) 何g飲んだでしょう。(10点)　〔　　　　　　　〕

(2) はじめジュースは何gあったのでしょう。(15点)　〔　　　　　　　〕

(3) びんの重さを求めましょう。(10点)　〔　　　　　　　〕

4 えりかさんは，120まいの色紙を持っています。これは，あやのさんの8倍だそうです。ひかるさんはあやのさんの2倍持っています。
ひかるさんは，色紙を何まい持っているでしょう。〔20点〕

〔　　　　　　　〕

すすんだ問題①

1 9こ1080円のコップと, 9本720円のさじを買いました。
このコップ1ことさじ1本をあわせたねだんは, いくらになるでしょう。

〔20点〕

〔　　　　　　　　〕

2 8こ640円のケーキと, 8こ680円のシュークリームがあります。
1こについて, どちらが何円高いでしょう。〔20点〕

〔　　　　　　　　〕

3 1こ40円のみかんを買いに行きました。1こ36円にしてもらったので,
予定より120円少なくてすみました。
みかんは何こ買ったのでしょう。〔20点〕

〔　　　　　　　　〕

4 なおこさんは, 360円のおかしを買って, 180円残すつもりでした。と
ころが, おかしではなくキャンデーを買ったので, 残りが130円になり
ました。
何円のキャンデーを買ったのでしょう。〔20点〕

〔　　　　　　　　〕

5 バレーボール1こをみんなで買うことにしました。1人100円ずつ集める
と240円たりなくて, 1人120円ずつ集めると80円あまります。

〔各10点…合計20点〕

(1) お金を出しあう人は, 何人でしょう。

〔　　　　　　　　〕

(2) バレーボール1このねだんはいくらでしょう。

〔　　　　　　　　〕

すすんだ問題②

1 まさしさんは，のりとはさみとコンパスを買いました。のりは150円です。はさみはのりのねだんの2倍です。コンパスは，のりのねだんの4倍より30円安いそうです。
代金は，みんなでいくらになるでしょう。〔20点〕

〔　　　　　　　〕

2 プリンを12こ買って，1920円はらいました。プリン4このねだんは，ケーキ1このねだんの2倍です。
ケーキは1こ何円でしょう。〔20点〕

〔　　　　　　　〕

3 グローブのねだんは5500円で，ボールのねだんの11倍です。バットのねだんは，ボールのねだんの8倍だそうです。
3つのねだんの合計は，いくらになるでしょう。〔20点〕

〔　　　　　　　〕

4 あおいさんは，400円持っています。友だちと3人で840円のドッジボールを買って，代金を同じように分けてはらいました。
あおいさんの残りのお金は何円あるでしょう。〔20点〕

〔　　　　　　　〕

5 なおきさんは400円，ゆうきさんは240円持っています。2人が同じねだんのけしゴムを買ったら，なおきさんの残ったお金は，ゆうきさんの残ったお金の2倍になったそうです。
2人の残ったお金は，全部でいくらでしょう。

〔20点〕

〔　　　　　　　〕

図形の変身

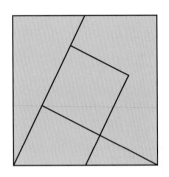

左の正方形をうつしとって，
直線にそって切りはなし，
いろいろな形を作って
みましょう。

① 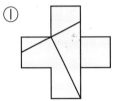　② 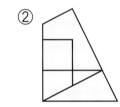　③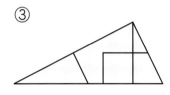

④ 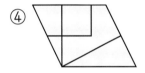　⑤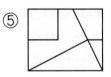

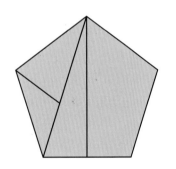

左の五角形をうつしとって，
直線にそって切りはなし，
いろいろな形を作って
みましょう。

① 　② 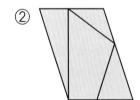　③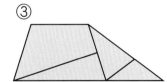

④ 　⑤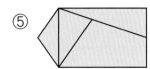

仕上げテスト

仕上げテスト①

1 0, 1, 2, 3, 4, 5, 6, 7, 8, 9の数字をすべて1回ずつ使って整数をつくります。〔各5点…合計15点〕

(1) いちばん大きい数を漢字で書きましょう。　〔　　　　　　　〕

(2) いちばん小さい数を漢字で書きましょう。　〔　　　　　　　〕

(3) 30億にいちばん近い数を書きましょう。　〔　　　　　　　〕

2 がい数について，次の問いに答えましょう。〔各5点…合計15点〕

(1) 35716を上から2けたのがい数にしましょう。　〔　　　　　　〕

(2) 千の位で四捨五入したときに460000になる整数の中で，いちばん大きい数といちばん小さい数を書きましょう。

　　　　　　　　大〔　　　　　　〕　　　小〔　　　　　　〕

3 次の〔　　　〕にあてはまる数を入れましょう。〔各5点…合計40点〕

(1) 5.312の小数第二位の数は〔　　　〕です。

(2) 0.35は0.1を〔　　　〕ことと0.01を〔　　　〕こあわせた数です。

(3) 8.12は0.01を〔　　　〕倍した数です。

(4) $\frac{3}{7}$は$\frac{1}{7}$を〔　　　〕に集めた数です。

(5) $\frac{9}{4}$は$\frac{1}{4}$の〔　　　〕倍です。

(6) $\frac{5}{6}$は1を等しく〔　　　〕つに分けたものの〔　　　〕つ分です。

4 数直線について，(1), (2)については小数で，(3), (4)については分数で答え，(5), (6)については↓で位置をしめしましょう。〔各5点…合計30点〕

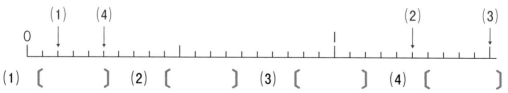

(1) 〔　　　　　〕 (2) 〔　　　　　〕 (3) 〔　　　　　〕 (4) 〔　　　　　〕

(5) 0.75　(6) $1\frac{1}{10}$

仕上げテスト②

答え → 別さつ37ページ

時間**30**分　合かく点**70**点

得点 ／100

1 次の計算をしましょう。〔各4点…合計24点〕

(1) 4) 912　(2) 32) 813　(3) 61) 900　(4) 15) 703

(5) 499÷5　(6) 653÷81

2 次の計算をしましょう。〔各4点…合計24点〕

(1) 0.43+1.52　(2) 3.8+4.21

(3) 3.69+1.37　(4) 1.56+0.44

(5) 6.543+3.59　(6) 21.328+1.854

3 次の計算をしましょう。〔各4点…合計24点〕

(1) 2×(4+6)−8　(2) (2+4)×(6+8)

(3) 2×4−6+8　(4) (8+6)×4−2

(5) 14×5×2+6×4×25　(6) 16×17+84×17

4 3年生がしゅうかくした5.4kgの米と，4年生がしゅうかくした12.6kgの米をあわせて，3年生と4年生80人で分けることにしました。米は，1人何gずつもらえるでしょう。〔14点〕

〔　　　　　　　〕

5 まいさんの学校の家庭科クラブの人数は18人です。今年の活動ひとして36000円学校からもらえましたが，去年の活動ひが576円残っています。すべてのひ用を全員で同じ金がくずつ使うとしたら，1人分はいくらになりますか。〔14点〕

〔　　　　　　　〕

1 次の面積を求めましょう。〔合計28点〕

(1) 1辺が12cmの正方形（5点）　〔　　　　　〕

(2) たてが105m，横が68mのサッカー場（5点）　〔　　　　　〕

(3)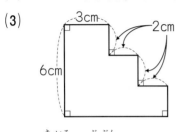

黄色の部分（9点）

〔　　　　　〕

(4)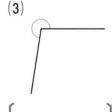

緑の部分（中の道のはばはすべて2m）（9点）

〔　　　　　〕

2 次の角を分度器ではかりましょう。〔各7点…合計21点〕

(1)　　　　　　　　(2)　　　　　　　　(3)

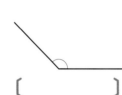

〔　　　　〕　　　〔　　　　〕　　　〔　　　　〕

3 次の角をかきましょう。〔各7点…合計21点〕

(1)　35°　　　　(2)　121°　　　　(3)　200°

4 次の時計の長いはりと短いはりがつくる角度のうち，小さいほうを求めましょう。〔各10点…合計30点〕

(1)　1時　　　　　　　　　　　　〔　　　　　〕

(2)　4時半　　　　　　　　　　　〔　　　　　〕

(3)　12時20分　　　　　　　　　〔　　　　　〕

仕上げテスト④

1 右の図で，アとイ，ウとエはそれぞれ平行で，アとオ，イとオはそれぞれ垂直に交わっています。
ⓐ，ⓘ，ⓊⒹの角の大きさを答えましょう。

〔各6点…合計18点〕

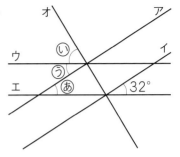

ⓐ〔　　　　　　〕　ⓘ〔　　　　　　　〕
ⓊⒹ〔　　　　　　〕

2 平行四辺形，ひし形，長方形，正方形について，辺の長さ，角の大きさ，対角線の特ちょうを調べ，表にまとめます。下の特ちょうから，あてはまるものをそれぞれ1つずつ選び，表を完成させましょう。2つ以上あてはまる場合は，いちばん大きな番号を選びましょう。〔各6点…合計72点〕

	平行四辺形	ひし形	長方形	正方形
辺の長さ				
角の大きさ				
対角線				

特ちょう	辺の長さ	①向かい合う1組の辺の長さが等しい ②向かい合う2組の辺の長さが等しい ③4つの辺の長さがすべて等しい
	角の大きさ	④向かい合う2組の角の大きさがともに等しい ⑤4つの角がすべて直角
	対角線	⑥それぞれの真ん中の点で交わる ⑦それぞれの真ん中の点で垂直に交わる

3 右の図1は立方体の展開図で，それぞれの面に図のように1〜6の数字が書いてあります。この展開図を組み立てて，図2のように置いたとき，(ア)の面が3，(イ)の面が6となりました。(ウ)の面の数字は何になりますか。あてはまる数字を答えましょう。〔10点〕

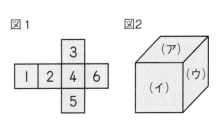

図1

図2

〔　　　　　　　　　　〕

仕上げテスト⑤

答え → 別さつ39ページ
時間**30**分　合かく点**70**点

得点　　/100

1 右の図は, あけみさんの1日の体温の変わり方を
折れ線グラフに表したものです。次の問いに答え
ましょう。〔各5点…合計20点〕

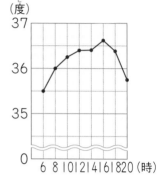

(1) 体温の変わり方がもっとも大きかったのは,
何時から何時までででしょう。　〔　　　　〕

(2) 体温が変わらなかったのは, 何時から何時まで
でしょう。　〔　　　　〕

(3) 6時から8時までと, 14時から16時までとでは, どちらのほうが体温の
変わり方が大きいですか。　〔　　　　〕

(4) 体温が下がりはじめたのは何時からですか。　〔　　　　　　　〕

2 1から30までの整数を, 2でわり切れるか
3でわり切れるかで分類し, 右の表にまと
めましょう。〔20点〕

		2	
		わり切れる	わり切れない
3	わり切れる		
	わり切れない		

3 えん筆6本と150円のコンパスを買って750円はらいました。えん筆1本
のねだんはいくらでしょう。〔20点〕

〔　　　　　　　〕

4 7こ560円のりんごと, 7こ420円のみかんがあります。1こについて,
どちらが何円高いでしょう。〔20点〕

〔　　　　　　　〕

5 パイナップルのねだんは400円で, オレンジの2倍です。メロンのねだん
はオレンジの6倍です。メロンのねだんは何円でしょう。〔20点〕

〔　　　　　　　〕

140　仕上げテスト

おもしろ算数 の答え

<40 ページの答え>

のりこさん　ぬいぐるみ
みつよさん　ぼうし
もとこさん　ケーキ
あけみさん　本

<110 ページの答え>

はるこさん　130
なつおさん　6000
ふゆおさん　4000
あきこさん　200

さくいん

この本に出てくるたいせつなことば

⑧

- □ 編集協力　大須賀康宏　株式会社キーステージ21　奥山修　小林悠樹
- □ デザイン　福永重孝
- □ 図版作成　山田崇人
- □ イラスト　よしのぶもとこ

シグマベスト

**これでわかる
算数　小学4年**

本書の内容を無断で複写（コピー）・複製・転載することを禁じます。また，私的使用であっても，第三者に依頼して電子的に複製すること（スキャンやデジタル化等）は，著作権法上，認められていません。

© BUN-EIDO　2011　　　Printed in Japan

編著者　文英堂編集部
発行者　益井英郎
印刷所　中村印刷株式会社
発行所　株式会社文英堂
〒601-8121　京都市南区上鳥羽大物町28
〒162-0832　東京都新宿区岩戸町17
（代表）03-3269-4231

●落丁・乱丁はおとりかえします。

Σ BEST
シグマベスト

これでわかる
算数 小学**4**年

くわしく
わかりやすい

答えと とき方

● 「答え」は見やすいように，ページごとに "わくがこみ" の中にまとめました。

● 「考え方・とき方」では，線分図（直線の図），表などをたくさん入れ，とき方がよくわかるようにしています。

● 「知っておこう」では，これからの勉強に役立つ，進んだ学習内ようをのせています。

文英堂

1 大きい数のしくみ

❶ (1) 3792000000
　 (2) 63485070000000
　 (3) 48000000000
　 (4) 6030000000000

❷ 1298765430

❸ (1) 4500億　　(2) 2870兆
　 (3) 600億　　　(4) 5000億
　 (5) 3兆7000億　(6) 500万

❹ (1) 14136　(2) 64702
　 (3) 584068　(4) 245828
　 (5) 100800　(6) 101500

❺ 172800g

❻ 21750円

考え方・とき方

❶ 読まない位には0を書く。

(1) 位		3	7	9	2	0	0	0	0	0	0
	千	百	十	一	千	百	十	一	千	百	十	一
			億				万					

❷ 1302456789と1298765430のうち，13億に近いのは1298765430

❸ (1) 450億×10は位が1つ上がって4500億
　 (2) 287兆×10も位が1つ上がって2870兆
　 (3) 6億×100は位が2つ上がって600億
　 (4) 5兆÷10は位が1つ下がって5000億
　 (5) 37兆÷10は位が1つ下がって3兆7000億
　 (6) 5億÷100は位が2つ下がって500万

❺ 480×360＝172800(g)

❻ 125×174＝21750(円)

知っておこう　数の大小のくらべ方

・けた数が多いほうが大きい
・けた数が同じときは，上の位から数の大小をくらべていく

❶ (1) 35471910206
　 (2) 6080400003092
　 (3) 530900000
　 (4) 708900000

❷ (1) 999999999999
　 (2) 700億　(3) 500億　(4) 3200億

❸ (1) 10000　(2) 10

❹ (1) 32兆　　　(2) 8000万
　 (3) 60億　　　(4) 386784
　 (5) 494200　(6) 370760

❺ いちばん大きい数…9876543210
　 いちばん小さい数…1023456789

考え方・とき方

❶ (1)～(3) 位の表を書いてみるとよい。読まない位には0を書く。

❷ (1) 9999億9999万9999
　 (2) 7000億÷10は位が1つ下がって700億
　 (3) 50億×10は位が1つ上がって500億
　 (4) 32兆÷100は位が2つ下がって3200億

❸ (1) 10倍　10倍　10倍　10倍

　　1兆は1億の10000倍

　 (2) 10倍

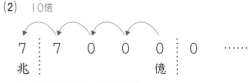

　　7兆は7000億の10倍

❹ (2) 　10000万
　　 　－ 2000万
　　 　　 8000万

❺ 上の位に大きい数を使うと，できる数も大きくなり，小さい数を使うと，できる数も小さくなる。

すすんだ問題①の答え　10ページ

❶ (1) 99999990　(2) 426兆5000億
(3) 430兆4300億　(4) 1100億
❷ (1) いちばん大きい数…9765310
いちばん小さい数…1035679
(2) いちばん大きい数…97653
いちばん小さい数…10356
(3) 796531
❸ (1) 133488　(2) 297660
(3) 198628　(4) 284310
❹ 4800000箱

考え方・とき方
❶ (1) 9999万9990
(2) 420兆と6兆5000億をあわせる。
(3) 4300億と430兆をあわせる。
(4) 800億と300億をあわせる。
❷ (1) いちばん大きい数……大→小の順に数をならべる。
いちばん小さい数……小→大の順に数をならべる。だが、いちばん上の位には0は使えない。
(3) 796531と901356とでは、どちらが800000に近いか。
❸ 筆算で計算する。

```
(1)    648        (2)    410
     ×206             ×726
     3888             2460
    1296              820
   133488            2870
                    297660
```

❹ 480000000÷100
＝4800000(箱)
(0を2つとればよい)
知っておこう　かける数に0のあるかけ算は、0をかける計算がはぶけます。

すすんだ問題②の答え　11ページ

❶ (1) 10通り
(2) 和…950897300246
差…90億
❷ (1) 999999985
(2) 3200001800000000
❸ (1) 10万倍　(2) 1000万倍
(3) 1000分の1　(4) 100万分の1
❹ (1) ＞　(2) ＜　(3) ＜　(4) ＞　(5) ＞
(6) ＜

考え方・とき方
❶ (1) 0から9までの整数が入るから、10通り。
(2) 479948650123＋470948650123
＝950897300246
479948650123－470948650123
＝9000000000
❷ (1) 9億9999万9985
(2) 3200兆と18億をあわせると
3200兆18億
❸ 左へ1けたすすめば10倍、2けたすすめば100倍、…となる。
また、右へ1けたすすめば10分の1、2けたすすめば100分の1、…となる。
❹ (1), (2)は、けた数をくらべる。
(1) 3678902＞983421
(2) 40001＜390010
(3)〜(6)は、数の単位をそろえる。
(3) 8万＜69万7541
(4) 4億6287万＞4億
(5) 50000万＞5001万
(6) 10兆＜99兆9999億
知っておこう　わたしたちが使っている数字は、数字がかかれた位置によって大きさがきまるしくみになっています。

2 角の大きさ

教科書のドリルの答え　16ページ

❶ あ…45°　　い…120°
　　う…245°　え…330°

❷ あ…60°　　い…60°
　　う…110°　え…70°

❸ (1) 60°　　(2) 330°

❹ (1) 180　　(2) 3

❺ (1)　　　　　　(2)

❻ (1) 90°　　(2) 270°
　　(3) 90°　　(4) 290°

❼ あ…150°　い…120°
　　う…75°　　え…135°

❽ (1) 180°　　(2) 360°

考え方・とき方

❶ 角の大きさをはかるには，分度器を使う。
　　うは180°とあと65°だから245°
　　または，360°から115°をひいてもよい。
　　えは360°から30°をひいて330°

❷ あの角は180°−120°＝60°
　　いの角＝あの角
　　うの角は180°−70°＝110°

❸ 時計の長いはりは5分で30°動く。
　　(1) 5分の2倍だから30°×2＝60°
　　(2) 5分の11倍だから30°×11＝330°

❹ 1直角＝90°を利用する。

❼ あ180°−30°＝150°　い180°−60°＝120°
　　う30°＋45°＝75°　え90°＋45°＝135°

❽ 半回転の角は180°，1回転の角は360°

テストに出る問題の答え　17ページ

❶ (1) 55°　　(2) 135°
　　(3) 115°　(4) 315°

❷ あ…42°　　い…73°　　う…135°
　　え…60°　　お…55°

❸ (1) 120°　　(2) 210°
　　(3) 270°　　(4) 360°

❹ 下の図

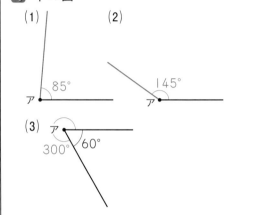

(1)　　　　　　　(2)

(3)

考え方・とき方

❷ あ180°−138°＝42°　い115°−42°＝73°
　　う180°−45°＝135°　え90°−30°＝60°
　　お90°＋55°−90°＝55°

❸ (1) 5分間で30°動くから
　　　30°×4＝120°
　　(2) 30°×7＝210°
　　(3) 30°×9＝270°
　　(4) 1時間では360°動く。

すすんだ問題の答え　18ページ

❶ (1) 360，180　　(2) 6，30
　　(3) 1，50　　　(4) 50

❷ (1) ①72°　　②354°
　　(2) ①7分　　②43分

❸ あ…40°　　い…23°
　　う…44°　　え…98°

❹ (1) 150°　　(2) 75°　　(3) 255°

考え方・とき方

❶ (1) 1回転＝360°，半回転＝180°

(2) 長いはり：5分で30°回るから

$30° \div 5 = 6°$

短いはり：長いはりの5分と同じで30°

(3) 1直角＝90°をもとにして考える。

$140° - 90° = 50°$

(4) 3直角：$90° \times 3 = 270°$

$320° - 270° = 50°$

❷ ❶ より，時計の長いはりは1分間で6°回る。

(1) ① $6° \times 12 = 72°$

② $6° \times 59 = 354°$ ← $360° - 6° = 354°$ としてもよい。

(2) ① $42° \div 6° = 7(分)$

② $258° \div 6° = 43(分)$

❸ ⓐ $180° - 50° - 90° = 40°$

　　└── 長方形の角は90°

ⓑ 折りかえしたのだから23°

ⓒ $90° - 23° - 23° = 44°$

ⓓ $180° - 41° - 41° = 98°$

❹

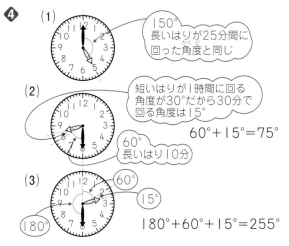

(1)

150°
長いはりが25分間に回った角度と同じ

(2)

短いはりが1時間に回る角度が30°だから30分で回る角度は15°

$60° + 15° = 75°$

60°
長いはり10分

(3)

60°

15°

180°

$180° + 60° + 15° = 255°$

---

3 わり算の筆算（1）

教科書のドリルの答え　22ページ

❶ (1) 12　　(2) 16

(3) 29　　(4) 45

(5) 18あまり2　　(6) 20あまり1

(7) 13あまり2　　(8) 23あまり1

(9) 10あまり5　　(10) 20あまり1

(11) 10あまり8　　(12) 30あまり1

❷ 14人

❸ 12こもらえて2こあまる

❹ (1) 30人　　(2) 18人

考え方・とき方

❶ (1)
```
    12
 7)84
    7
    14
    14
     0
```

(2)
```
    16
 6)96
    6
    36
    36
     0
```

(3)
```
    29
 3)87
    6
    27
    27
     0
```

(4)
```
    45
 2)90
    8
    10
    10
     0
```

(5)
```
    18
 5)92
    5
    42
    40
     2
```

(6)
```
    20
 3)61
    6
     1
```

(7)
```
    13
 6)80
    6
    20
    18
     2
```

(8)
```
    23
 2)47
    4
     7
     6
     1
```

(9)
```
    10
 6)65
    6
     5
```

(10)
```
    20
 2)41
    4
     1
```

(11)
$$9\overline{)98} \quad \begin{array}{r} 10 \\ \underline{9} \\ 8 \end{array}$$

(12)
$$3\overline{)91} \quad \begin{array}{r} 30 \\ \underline{9} \\ 1 \end{array}$$

❷ 56人を同じ人数ずつ4つに分けるのだから，
$56÷4=14$（人）

$$4\overline{)56} \quad \begin{array}{r} 14 \\ \underline{4} \\ 16 \\ \underline{16} \\ 0 \end{array}$$

❸ 98こを同じ数ずつ8人に分けるのだから，
$98÷8=12$あまり2 ←あまりのこ数
↑1人がもらえるこ数

$$8\overline{)98} \quad \begin{array}{r} 12 \\ \underline{8} \\ 18 \\ \underline{16} \\ 2 \end{array}$$

❹ (1) $90÷3=30$（人）
(2) $90÷5=18$（人）

テストに出る問題 の答え　23ページ

❶ (1) 23　(2) 16
(3) 28あまり1　(4) 30あまり2
❷ 24ページ
❸ 28こ
❹ 19きゃく
❺ 3まい

考え方・とき方

❶ (1)
$$4\overline{)92} \quad \begin{array}{r} 23 \\ \underline{8} \\ 12 \\ \underline{12} \\ 0 \end{array}$$

(2)
$$5\overline{)80} \quad \begin{array}{r} 16 \\ \underline{5} \\ 30 \\ \underline{30} \\ 0 \end{array}$$

(3)
$$3\overline{)85} \quad \begin{array}{r} 28 \\ \underline{6} \\ 25 \\ \underline{24} \\ 1 \end{array}$$

(4)
$$3\overline{)92} \quad \begin{array}{r} 30 \\ \underline{9} \\ 2 \end{array}$$

❷ 96ページを4つに分ける。
$96÷4=24$（ページ）

$$4\overline{)96} \quad \begin{array}{r} 24 \\ \underline{8} \\ 16 \\ \underline{16} \\ 0 \end{array}$$

❸ 赤いおはじきについて，
$63÷3=21$（こ）　1人21こずつ
青いおはじきについて，
$21÷3=7$（こ）　1人7こずつ
あわせて　$21+7=28$（こ）

（別の考え方）はじめにすべてのおはじきの数を求めてからわってもよい。
$63+21=84$　　$84÷3=28$（こ）

❹ 56人が3人ずつすわるのだから，
$56÷3=18$あまり2 ←2人あまる
あまった2人もすわるので，長いすはもう1きゃく必要になる。したがって，19きゃく。

❺ はじめに，2人あわせて何まいの折り紙を持っているかを求める。
$18+12=30$（まい）
これを2人で分けるのだから，1人分は
$30÷2=15$（まい）
さやさんははじめに18まいの折り紙を持っていたのだから，
$18-15=3$（まい）
あげればよい。

教科書のドリル の答え　26ページ

❶ (1) 195　(2) 119
(3) 136　(4) 106
❷ (1) 140あまり5　(2) 201あまり2
(3) 122あまり6　(4) 105あまり2
❸ (1) 42　(2) 55あまり2
(3) 69　(4) 81あまり3
❹ 115円
❺ 45人
❻ 82倍

考え方・とき方

❶ (1)
$$5\overline{)975} \quad \begin{array}{r} 195 \\ \underline{5} \\ 47 \\ \underline{45} \\ 25 \\ \underline{25} \\ 0 \end{array}$$

(2)
$$8\overline{)952} \quad \begin{array}{r} 119 \\ \underline{8} \\ 15 \\ \underline{8} \\ 72 \\ \underline{72} \\ 0 \end{array}$$

(3)
```
    1 3 6
7 ) 9 5 2
    7
    2 5
    2 1
      4 2
      4 2
        0
```

(4)
```
    1 0 6
8 ) 8 4 8
    8
      4 8
      4 8
        0
```

❷ (1)
```
    1 4 0
6 ) 8 4 5
    6
    2 4
    2 4
        5
```

(2)
```
    2 0 1
4 ) 8 0 6
    8
        6
        4
        2
```

(3)
```
    1 2 2
7 ) 8 6 0
    7
    1 6
    1 4
      2 0
      1 4
        6
```

(4)
```
    1 0 5
6 ) 6 3 2
    6
      3 2
      3 0
        2
```

❸ (1)
```
    4 2
5 ) 2 1 0
    2 0
      1 0
      1 0
        0
```

(2)
```
    5 5
3 ) 1 6 7
    1 5
      1 7
      1 5
        2
```

(3)
```
    6 9
7 ) 4 8 3
    4 2
      6 3
      6 3
        0
```

(4)
```
    8 1
8 ) 6 5 1
    6 4
      1 1
        8
        3
```

❹ 8この代金が920円
だったのだから，
920÷8＝115（円）
```
    1 1 5
8 ) 9 2 0
    8
    1 2
      8
      4 0
      4 0
        0
```

❺ 270人が6台のバス
に乗るのだから，
270÷6＝45（人）
```
    4 5
6 ) 2 7 0
    2 4
      3 0
      3 0
        0
```

❻ もとになる数が7なので
574÷7＝82（倍）
```
    8 2
7 ) 5 7 4
    5 6
    1 4
    1 4
      0
```

テストに出る問題の答え　27ページ

❶ (1) 249　　(2) 322あまり2
(3) 124あまり1　　(4) 148あまり1

❷ (1) 8あまり3　　(2) 88あまり5
(3) 84あまり7　　(4) 70あまり3

❸ 3まい

❹ 16こ

❺ テニス

❻ 12ひき

（考え方・とき方）

❶ (1)
```
    2 4 9
4 ) 9 9 6
    8
    1 9
    1 6
      3 6
      3 6
        0
```

(2)
```
    3 2 2
3 ) 9 6 8
    9
      6
      6
        8
        6
        2
```

(3)
```
    1 2 4
6 ) 7 4 5
    6
    1 4
    1 2
      2 5
      2 4
        1
```

(4)
```
    1 4 8
5 ) 7 4 1
    5
    2 4
    2 0
      4 1
      4 0
        1
```

❷ (1)
```
    8
7 ) 5 9
    5 6
      3
```

(2)
```
    8 8
6 ) 5 3 3
    4 8
      5 3
      4 8
        5
```

(3)
```
    8 4
9 ) 7 6 3
    7 2
      4 3
      3 6
        7
```

(4)
```
    7 0
8 ) 5 6 3
    5 6
        3
```

❸ まず，何まいあまるか
を求める。

$$9\overline{)222} = \begin{array}{r} 24 \\ \hline 222 \\ 18 \\ \hline 42 \\ 36 \\ \hline 6 \end{array}$$

$222÷9=24$ あまり 6

2人で分けるのだから

$6÷2=3$（まい）

❹ 576このみかんを9この
箱に分けるのだから，

$$9\overline{)576} = \begin{array}{r} 64 \\ \hline 576 \\ 54 \\ \hline 36 \\ 36 \\ \hline 0 \end{array}$$

$576÷9=64$

64このみかんを4人で分
けるのだから，

$64÷4=16$（こ）

❺ 定員が希望者の数の何倍かを考えると，

テニス：$36÷12=3$（倍）

サッカー：$48÷24=2$（倍）

定員が希望者の数の何倍になるかをくらべると，
希望者の数が多いのは，テニスといえます。

❻ 3倍すると36になるので，

$36÷3=12$（ひき）

すすんだ問題 の答え　28ページ

❶ (1) 16 あまり 3　(2) 116 あまり 5

　　(3) 80 あまり 1　(4) 28

　　(5) 44 あまり 4　(6) 88

　　(7) 102 あまり 6　(8) 306 あまり 2

❷ 2175円

❸ 42本

❹ (1) 28　(2) 29

　　(3) 5　(4) 4

（考え方・とき方）

❶ (1)
$$5\overline{)83} = \begin{array}{r} 16 \\ \hline 83 \\ 5 \\ \hline 33 \\ 30 \\ \hline 3 \end{array}$$

(2)
$$6\overline{)701} = \begin{array}{r} 116 \\ \hline 701 \\ 6 \\ \hline 10 \\ 6 \\ \hline 41 \\ 36 \\ \hline 5 \end{array}$$

(3)
$$4\overline{)321} = \begin{array}{r} 80 \\ \hline 321 \\ 32 \\ \hline 1 \end{array}$$

(4)
$$9\overline{)252} = \begin{array}{r} 28 \\ \hline 252 \\ 18 \\ \hline 72 \\ 72 \\ \hline 0 \end{array}$$

(5)
$$9\overline{)400} = \begin{array}{r} 44 \\ \hline 400 \\ 36 \\ \hline 40 \\ 36 \\ \hline 4 \end{array}$$

(6)
$$8\overline{)704} = \begin{array}{r} 88 \\ \hline 704 \\ 64 \\ \hline 64 \\ 64 \\ \hline 0 \end{array}$$

(7)
$$7\overline{)720} = \begin{array}{r} 102 \\ \hline 720 \\ 7 \\ \hline 20 \\ 14 \\ \hline 6 \end{array}$$

(8)
$$3\overline{)920} = \begin{array}{r} 306 \\ \hline 920 \\ 9 \\ \hline 20 \\ 18 \\ \hline 2 \end{array}$$

❷ 975円の本を3人で買うとき，1人が出す金
がくは，

$975÷3=325$（円）

けんとさんは，はじめ2500円持っていたので

$2500-325=2175$（円）

❸ はじめに3人が持っていたえん筆の合計は

$37+48+25=110$（本）

お母さんから16本もらったので，

$110+16=126$（本）

3人で分けると

$126÷3=42$（本）

❹ $256÷9=28$ あまり 4

毎日28ページずつ読んだのでは，9日間読み
終わったときに4ページ残る。

したがって，<u>28ページか29ページ読むこ</u>
とになる。　→ (1)，(2)の答え

<u>より，29ページ読むのは4日間</u> →(4)

$9-4=5$ より28ページ読むのは5日間 →(3)

（答えのたしかめ）

$28×5=140$　　$29×4=116$

$140+116=256$（ページ）

4 垂直・平行と四角形

教科書のドリルの答え 32 ページ

❶ 垂直…あとか，いとお，うとか
　平行…あとう，えとき

❷

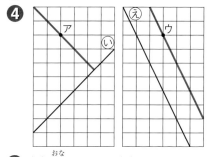

❸ (1) 平行　　(2) 垂直

❹

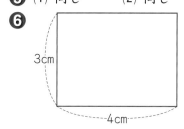

❺ (1) 同じ　　(2) 同じ

❻

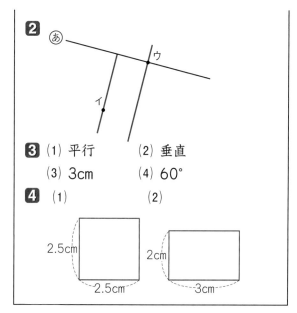

❷

❸ (1) 平行　　　(2) 垂直
　(3) 3cm　　　(4) 60°

❹ (1)　　　　　　　(2)

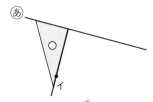

2.5cm
—2.5cm—

2cm
—3cm—

考え方・とき方

❷ 最初の直線は，次のように三角じょうぎをあててかく。

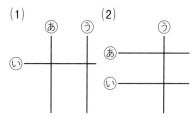

❸ (1)(2)は，下の図のようになる。

(1)　　　　　　(2)

(3) 平行な直線に垂直な直線をひくと，そのはばはどこも同じである。

(4) 平行な直線にななめの直線をひいてできる角は，同じ大きさになる。

考え方・とき方

❶ 垂直かどうかは，三角じょうぎの角（90°の角）のところをあてて調べる。
平行であるかどうかは，三角じょうぎをずらして調べる。

❻ 長方形の4つの角は，直角であることを利用する。

テストに出る問題の答え 33 ページ

❶ (1) 直線カウ，直線オエ
　(2) 直線アイ，直線カウ，直線オエ

教科書のドリルの答え 36 ページ

❶ あ，う

❷ (1) 角B…70°　　　角C…110°
　(2) 辺AD…9cm　　辺CD…7cm

❸ (1) 角C…120°　　角D…60°

(2) 6cm

❹ (1) ア　(2) カ　(3) オ　(4) ウ　(5) エ

　　(6) イ

（考え方・とき方）

❶ 向かい合う1組の辺が平行な四角形が台形だ
から，あ，う。

❷ 平行四辺形では，向かい合う角の大きさは
等しく，向かい合う辺の長さも等しい。

❸ ひし形では，向かい合う角の大きさが等し
く，4つの辺がどれも等しい。

❹ (6)は対角線の両はしをむすんで，四角形を
つくってみると台形になる。

　(2)～(5)は対角線のせいしつから四角形をは
んだんする。

（知っておこう）　いろいろな四角形の対角線の
せいしつを知っていると，たいへん便利です。

──── いろいろな四角形と対角線 ────

● 平行四辺形……対角線はそれぞれの真ん
　　中の点で交わる。

● ひし形……対角線はそれぞれの真ん中の
　　点で，垂直に交わる。

● 長方形……対角線の長さが等しく，しか
　　もそれぞれの真ん中の点で交わる。

● 正方形……対角線の長さが等しく，しか
　　もそれぞれの真ん中の点で，垂直に
　　交わる。

テストに出る問題の答え　37ページ

❶ (1) 台形　　　　(2) 正方形
　 (3) 平行四辺形　(4) ひし形

❷ (1) 平行四辺形，長方形
　 (2) ひし形

❸ (1) 台形　(2) 平行四辺形
　 (3) ひし形　(4) 辺　(5) 垂直

❹ あ50°　　い130°

---

❺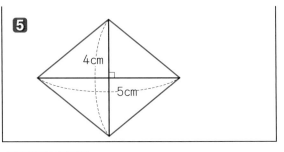

（考え方・とき方）

❷ 下の図のようになる。（単位はcm）

(1)

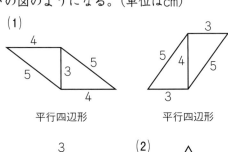

平行四辺形　　　　　　平行四辺形

(2)

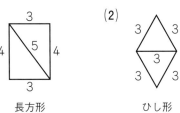

長方形　　　　　　　ひし形

❹ 平行四辺形の向かい合う辺は平行である。
　 したがって，あ＝50°
　 1直線の角は180°だから，
　 い＝180°－50°＝130°

（知っておこう）　平行四辺形のとなり合う角の
　大きさの和は180°になります。

❺ まず，5cmの直線
　アイをひく。この直
　線の真ん中の点ウを
　通る，この直線に垂
　直な直線をひく。

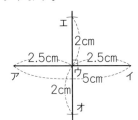

　垂直な直線上に，真
ん中の点から2cmのところに点エ，オをとる。
直線アエ，エイ，イオ，オアをひく。

すすんだ問題①の答え　38ページ

❶ (1) 121°　(2) 59°　(3) 180°

❷ あに平行…う
　　いに垂直…か, き

❸ (1)　　　　　　　(2)

（台形）　　　　（平行四辺形）

(3)　　　　　　　(4)

（ひし形）　　　（長方形）

（注意）(1) は下のものでもよい。

❹ (1)

6cm
4cm　130°　50°
50°　130°　4cm
6cm

(2)

5cm　5cm
120°
60°　60°
120°
5cm　5cm

考え方・とき方

❶ 直線う, えは平行なので, 図の△印の角は59°である。
よって, アは
180°－59°＝121°
ウは, 図の×印の角と同じなので, 59°
よって, イとウの角の和は 180°

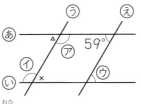

あ　う　え
△　59°
ア
イ
い　×　ウ

❸ 頂点アを通って, 向かい合った辺に平行な直線をひけばよい。
(1) は1組だけ平行な辺をつくる。

❹ (1)も(2)も向かい合っている角の大きさは等しいです。
また, (1)の向かい合っている辺の長さは等しいです。(2)の辺の長さはすべて等しい。

すすんだ問題②の答え　39ページ

❶ (1) ×　(2) ○　(3) ×　(4) ○　(5) ○

❷ あ 130　い 5　う 5　え 50

❸ 垂直…CD, AB, HG, FE
　平行…AH, DE

❹ （例）

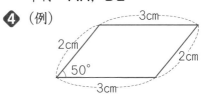

3cm
2cm　2cm
50°
3cm

❺ (1) 台形, 平行四辺形, 長方形, ひし形
　(2) 4つ

考え方・とき方

❶ (1) 向かい合った2組の辺の長さが等しいのは平行四辺形, ひし形, 長方形, 正方形である。
　　（ひし形, 正方形の場合, 4つの辺の長さが同じ）
(3) 4辺がすべて同じ長さなのは, ひし形, 正方形である。

❷ ひし形は4つの辺の長さが等しく, 向かい合った角の大きさが等しい。
えは, ひし形（平行四辺形）のとなり合う角の大きさの和は180°だから
180°－130°＝50°

❺ (1) それぞれの辺について, 向かい合った平行な辺をさがし, 台形, 平行四辺形, 長方形, ひし形を見つけます。

5 折れ線グラフ

❶ (1) ア　8　　　　イ　12
　 (2) ア　60　　　イ　110
　 (3) ア　41.2　　イ　40.6

❷ ⓘ

❸ (1) 8月，29度　　(2) 6月から7月

❹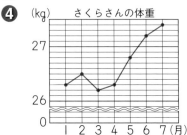
（kg）　さくらさんの体重

❺ (1) たくみさん…130.4cm
　　　かいとさん…130.3cm
　 (2) 5月

考え方・とき方

❶ (1) 1めもりは2だから，アは8，イは12
　 (2) 1めもりは10だから，アは60，イは110
　 (3) 1めもりは0.2だから，アは41.2，イは
　　　40.6

❷ 1めもりの大きさがちがう。直線のかたむき
　だけで，はんだんしないこと。

❸ (2) 直線のかたむきが急であるほど，変わり
　　　方は大きい。8月までは気温は上がっている。

❹ それぞれの月の体重を点で表し，点と点を
　直線で結んで折れ線にする。

❺ (1) 1めもりは0.1cmだから，たくみさんは
　　　130.4cm，かいとさんは130.3cm。
　 (2) 折れ線が重なっているところを読む。

❶ (1) ⓔ，ⓐ，ⓒ，ⓘ
❷ (1) 2度　　　　　　　(2) 11度
　 (3) 4時から5時の間　(4) 21度

❸ (1) 月…2月，差…0.8kg
　 (2) だいきさん…1月，ゆうとさん…4月

考え方・とき方

❶ ⓐは1時間に2度上がっている。
　ⓘは変わっていない。
　ⓒは1時間に1度上がっている。
　ⓔは1時間に3度下がっている。
　だから，ⓔがいちばん変わり方が大きい。

❷ (1) 10度を5等分しているから，1めもりは2度。
　 (2) 10度と12度の間だから11度と考える。
　 (3) 下がり方がいちばん急なところである。
　 (4) 20度と22度の間だから21度と考える。

❸ (1) グラフの開きがもっとも大きいところだ
　　　から2月で，差は0.8kg。
　 (2) グラフのかたむきがもっとも急なところだ
　　　から，だいきさんは1月，ゆうとさんは4月。

知っておこう　折れ線グラフは，数量の変わっ
ていくようすがひと目でわかるように表した
ものです。ぼうグラフは，数量の大小がひと
目でわかるように表したものです。

❶ (1) 右の図
　 (2) 10時
　　　45分ごろ
　 (3) 13時15分
　　　ごろ，15時
　　　30分ごろ

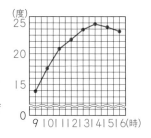

❷ (1) 14度
　 (2) 17度
　 (3) 22度
　 (4) 18度
　 (5) 13度
　 (6) 7度
　 (7) 右の図

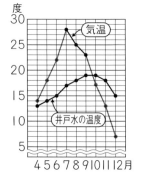

考え方・とき方

❶ (1) たてじくに気温，横じくに時こくをとる。
 1めもりの大きさは，大きいほうがグラフが見やすくなる。はみ出してしまってはいけないのでうまく工夫しよう。
 (2) たてじくが20度の点の折れ線は，横じくの何時のところと交わるか。
 (3) (2)と同じ考え方。24度のところを見る。

知っておこう　グラフから正しい数を読みとることはむずかしい。(2)，(3)の答えはだいたい読みとれればよい。

❷ (1) 4月の井戸水の温度は13度。
 13＋1＝14(度)
 (2) 10月の井戸水の温度は19度。
 19－2＝17(度)
 (3) 17＋5＝22(度)
 (4) 気温の変わり方が同じということは，グラフのかたむきが同じということ。つまり4月から5月，5月から6月にかけて上がった温度が同じだから，5月の気温は，4月と6月の気温のちょうど真ん中の数になる。14と22の真ん中の数は18。18度
 (5) 4月の気温は14度　14－1＝13(度)
 (6) 11月の井戸水の温度と気温の差は
 18－13＝5(度)
 12月のほうが3度差が大きいので
 5＋3＝8(度)差がある。
 15－8＝7(度)
 (7) (1)～(6)の結果をグラフにかいて直線で結ぶ。

6 小数のしくみ

教科書のドリルの答え 50ページ

❶ (1) 0.34m　(2) 7.2m
 (3) 1.895km　(4) 0.49km
 (5) 4cm　(6) 149cm
 (7) 3260m　(8) 47m　(9) 3.6cm
❷ (1) 4.3kg　(2) 0.825kg
 (3) 350g　(4) 5.1L　(5) 0.12L
❸ (1) 4　(2) 3.8　(3) 0.7
 (4) 0.003　(5) 0.001　(6) 0.314
❹ (1) 2，5，7，9　(2) 0.42
 (3) 1270
❺ 1.54，1.535，1.08，0.85，0

考え方・とき方

❶ 1m＝100cm，1km＝1000m，1cm＝10mm
❷ 1kg＝1000g，1L＝10dL，1L＝1000mL
❸ 小数は，整数と同じように，10倍するごとに位が1ずつ上がり，$\frac{1}{10}$にするごとに位が1ずつ下がる。
 (1) 0.4を10倍すると，位が1つ上がって4
 (2) 位が1つ上がって3.8
 (3) 位が2つ上がって0.7
 (4) 0.03の$\frac{1}{10}$は，位が1つ下がって0.003
 (5) 位が2つ下がって0.001
 (6) 位が1つ下がって0.314
❹ (1) 2.579は，1を2こ，0.1を5こ，0.01を7こ，0.001を9こあわせた数。
 (2) 0.01を42こ集めると0.42
 (3) 1.27は，1.270のことで，0.001を1270こ集めた数。
❺ いちばん大きい数は1.54，いちばん小さい数は0

テストに出る問題の答え　51ページ

1 (1) 0.72m　(2) 0.6cm
(3) 43cm　(4) 1cm　(5) 3.459km
(6) 0.82km　(7) 2060m
(8) 420m

2 (1) 0.3，0.003
(2) 16.8，0.168

3 (1) $\frac{1}{100}$（小数第二位）
(2) 5　(3) 7635こ

4 (1) 3.406　(2) 2

5 (1) 0.1　(2) 0.39　(3) 0.72

考え方・とき方

1 (1) 1m＝100cmだから　72cm＝0.72m
(2) 1cm＝10mmだから　6mm＝0.6cm
(3) 0.43m＝43cm
(4)～(8)も同じように考える。

2 (1) 0.03を10倍すると0.3
0.03を10でわると0.003
(2) 1.68を10倍すると16.8
1.68を10でわると0.168

3 (3) 7.635は0.001を7635こ集めた数である。

4 (1) 1が3こで3，0.1が4こで0.4，
0.001が6こで0.006
これらをあわせると3.406
(2) 0.1の20倍だから2

5 大きい1めもりは0.1。小さい1めもりは0.1を10等分しているので0.01
(1)は0.1
(2)は0.3と0.09で0.39
(3)は0.7と0.02で0.72

知っておこう

小数を10倍，100倍，…しても数字のならび方は変わりません。小数点の位置だけが変わるのです。小数を$\frac{1}{10}$，$\frac{1}{100}$，…にしても同じです。

教科書のドリルの答え　54ページ

1 (1) 7.8　(2) 4.9　(3) 0.05
(4) 0.56　(5) 0.43　(6) 0.48

2 (1) 10.4　(2) 9.35　(3) 5.62
(4) 10.438　(5) 9.33　(6) 9.48

3 5.7kg

4 (1) 1.2　(2) 4.2　(3) 0.64
(4) 0.28　(5) 1.22　(6) 0.35

5 (1) 6.6　(2) 7.4　(3) 6.5
(4) 1.98　(5) 4.609　(6) 0.007

6 2.05kg

考え方・とき方

2 右の位から，整数のたし算と同じように計算する。
くり上がりに注意すること。
(6) は　8.00　とする。

```
  8.00
+1.48
 9.48
```

3 1.35＋4.35＝5.7(kg)
（5.70の0は消して，
5.7としておく。）

```
  1.35
+4.35
 5.70
```

5 右の位から，整数のひき算と同じように計算する。
くり下がりに注意すること。
(6) は　1.000　とする。

```
 1.000
-0.993
 0.007
```

6 2.7－0.65
＝2.05(kg)

```
 2.7
-0.65
 2.05
```

知っておこう

小数の計算で，

```
 3.5●        5.1●●
+1.76       -1.835
```
のように，
数のない位は0があると考えて計算しましょう。

```
 3.50        5.100
+1.76       -1.835
```
と考えます。

テストに出る問題 の答え　**55**ページ

1 (1)
$$\begin{array}{r} 2.67 \\ +10.5 \\ \hline 13.17 \end{array}$$
(2)
$$\begin{array}{r} 0.7 \\ +0.6 \\ \hline 1.3 \end{array}$$
(3)
$$\begin{array}{r} 4.3 \\ -1.76 \\ \hline 2.54 \end{array}$$

2 (1) 8.2　(2) 6.2　(3) 0.803
(4) 28.3　(5) 2.79　(6) 2.04

3 (1) 8.18　(2) 0.53　(3) 4.13
(4) 0.65

4 (1) 10.73km
(2) ⓘのほうが0.87km長い

考え方・とき方
1 小数のたし算・ひき算の筆算では，小数点の位置をそろえることがたいせつである。
(3) 4.3を4.30と考えてひき算をする。
2 (6) 3.4を3.40と考える。
$$\begin{array}{r} 3.40 \\ -1.36 \\ \hline 2.04 \end{array}$$

3 筆算で計算する。小数点の位置を正しくそろえること。(4) は1を1.00と考える。
(1)
$$\begin{array}{r} 4.32 \\ +3.86 \\ \hline 8.18 \end{array}$$
(2)
$$\begin{array}{r} 0.45 \\ +0.08 \\ \hline 0.53 \end{array}$$
(3)
$$\begin{array}{r} 6.31 \\ -2.18 \\ \hline 4.13 \end{array}$$
(4)
$$\begin{array}{r} 1 \\ -0.35 \\ \hline 0.65 \end{array}$$

4 (1) 4.93＋5.8
＝10.73(km)
$$\begin{array}{r} 4.93 \\ +5.8 \\ \hline 10.73 \end{array}$$
(2) 5.8－4.93
＝0.87(km)
ⓘのほうが0.87km長い。
$$\begin{array}{r} 5.8 \\ -4.93 \\ \hline 0.87 \end{array}$$

知っておこう　小数のたし算やひき算で，「位をそろえる」ということは，「小数点の位置をそろえる」ということです。

すすんだ問題 の答え　**56**ページ

1 (1) 7.03　(2) 0.31　(3) 4.3
(4) 3.08　(5) 0.35　(6) 80
2 (1) 10.1，9.84，1.01，0.97
(2) 0.47，0.108，0.047，0.008
3 (1) 61.2　(2) 9.36　(3) 10
(4) 1.16　(5) 2.232　(6) 0.005
4 3.97kg
5 1.84kg

考え方・とき方
1 (5) 350mm＝35cm＝0.35m
(6) 0.08m＝8cm＝80mm
4 630g＝0.63kg
4.6－0.63＝3.97(kg)
5 480g＝0.48kg
0.48＋4.76－3.4＝1.84(kg)

7 わり算の筆算（2）

教科書のドリル の答え　**60**ページ

1 (1) 4　(2) 3　(3) 6
(4) 8 (5) 4あまり20 (6) 9あまり30
2 (1) 3　(2) 4　(3) 4
(4) 3 (5) 3あまり4 (6) 2あまり9
3 (1) 46　(2) 25
(3) 32　(4) 20
4 (1) 6　(2) 8
(3) 7あまり15 (4) 7あまり1
5 8チーム
6 8箱できて，8こあまる
7 24ページ

（考え方・とき方）

❶ 商の見当をつけることがたいせつ。

(1) 200÷50は，20÷5＝4

(2)～(4)も同じように考える。

(5) あまりは商より大きくなることがある。しかし，わる数より大きくなることはない。

(6) (5)と同じ。

❷ わる数の13や23を10や20と見て，商の見当をつける。あまりがあるときは，

（わる数）×（商）＋（あまり）＝（わられる数）

の式にあてはめて答えをたしかめる。

(1)
```
      3
13)39
   39
    0
```

(2)
```
      4
23)92
   92
    0
```

(3)
```
      4
21)84
   84
    0
```

(4)
```
      3
27)81
   81
    0
```

(5)
```
      3
17)55
   51
    4
```

(6)
```
      2
42)93
   84
    9
```

❸ (1)
```
     46
19)874
   76
   114
   114
     0
```

(2)
```
     25
24)600
   48
   120
   120
     0
```

(3)
```
     32
27)864
   81
   54
   54
    0
```

(4)
```
     20
37)740
   74
    0
```

❹ (1)
```
     6
29)174
   174
     0
```

(2)
```
     8
53)424
   424
     0
```

(3)
```
      7
43)316
   301
    15
```

(4)
```
      7
57)400
   399
     1
```

❺ 120÷15＝8（チーム）
```
      8
15)120
   120
     0
```

❻ 200÷24＝8あまり8

箱の数↗　　↑あまり
```
      8
24)200
   192
     8
```

❼ 2週間は14日だから

336÷14＝24（ページ）
```
     24
14)336
   28
   56
   56
    0
```

テストに出る問題 の答え　**61**ページ

❶ (1) 2　　(2) 3　　(3) 5あまり2

(4) 4あまり58　　(5) 5あまり29

(6) 5あまり3

❷ (1) 4　　(2) 5　　(3) 18

❸ (1) 114　(2) 11　(3) 2, 5, 3　(4) 4

❹ 6本

（考え方・とき方）

❶ (1)
```
     2
36)72
   72
    0
```

(2)
```
     3
24)72
   72
    0
```

(3)
```
     5
18)92
   90
    2
```

(4)
```
     4
64)314
   256
    58
```

(5)
```
     5
53)294
   265
    29
```

(6)
```
     5
82)413
   410
     3
```

❷ わられる数，わる数のどちらも同じ数だけの0を消しても，商は変わらない。

(1)
```
       4
240)960
    96
     0
```

(2)
```
        5
420)2100
     210
       0
```

(3)
```
        1 8
460)8 2 8 0
    4 6
    3 6 8
    3 6 8
        0
```

3 (1) （わる数）×（商）＋（あまり）＝（わられる数）

だから

□（わられる数）＝14×8＋2＝114

わる数 → 14　商 → 8　あまり → 2

(2)
```
        6
53)3 2 9
   3 1 8
     1 1  ← 求める答え
```

(3)
```
        5
43)□□□
   2 1 5   ← ひいたものが
     3 8   ← つまり
          □□□−215＝38
```
215＋38＝253

(4)
```
         ⑦
□⑤)3 2 6
   3 1 5   ← かけたものが
     1 1
```
つまり□5×7＝315

315÷7＝45

4 108÷18＝6（本）
```
        6
18)1 0 8
   1 0 8
       0
```

すすんだ問題 の答え　　62ページ

❶ (1) 6あまり87　　(2) 13
　　(3) 25　　　　　　(4) 8
❷ (1) 870　　　　　(2) 27
　　(3)
```
           9
3 8)3 5 9
    3 4 2
      1 7
```
❸ 4台
❹ 10円
❺ 19あまり6

考え方・とき方

❶ (1)
```
         6
95)6 5 7
   5 7 0
     8 7
```
(2)
```
          1 3
480)6 2 4 0
    4 8
    1 4 4
    1 4 4
        0
```

(3)
```
          2 5
160)4 0 0 0
    3 2
      8 0
      8 0
        0
```
(4)
```
            8
2600)2 0 8 0 0
     2 0 8
         0
```
わる数，わられる数から0を2つずつ消しても商は変わらない

❷ (1) □÷27＝32あまり6
　　□＝27×32＋6＝870
(2) 841÷□＝31あまり4
　　(841−4)÷□＝31
　　　この数は□でわり切れる
　　□＝837÷31＝27
(3)
```
    ②  ①□
3□)3 5 9
   3 □□   ← ひいたものが
     1 7
```
359−17＝342

上のように①，②とすると，
商は十の位にたたないので，②に入る数は6，7，8，9のいずれか。36，37，38，39のうち342をわってわり切れるのは38だけ。そのとき商は9。

❸ 205÷55＝3あまり40
あまりの40人を乗せるのにも，バスが1台いるので，全部で4台いる。

❹ 実さいにはらったノート1さつのねだんは，
2500÷50＝50（円）
安くしてもらったのは，
60−50＝10（円）

❺ ある数÷25＝13あまり4
ある数＝25×13＋4＝329
329÷17＝19あまり6

8 整理のしかた

教科書のドリルの答え　66ページ

❶

けがの種類	人数（人）
すりきず	6
きりきず	9
ねんざ	4
うちみ	5
合　計	24

❷

形＼色	黄	緑	合計
円	3	2	5
三角形	2	2	4
四角形	1	3	4
合　計	6	7	13

❸ (1)

＼		弟		合計
		いる	いない	
妹	いる	⑤ 11	⑩ 10	21
	いない	⑦ 7	6	⑫ 13
合　計		18	⑯ 16	34

(2) 18人　　(3) 6人

考え方・とき方

❶ 落ちや重なりのないように数えていく。

❷ 色は黄と緑，形は円と三角形と四角形に分ける。

❸ (1) ⑫34－21＝13　　⑯34－18＝16
　　　⑩16－6＝10　　⑦13－6＝7
　　　⑤21－10＝11
(2) 妹がいる，いないは関係ない。

テストに出る問題の答え　67ページ

❶

＼		兄・弟	
		いる	いない
姉・妹	いる	2	4
	いない	4	2

❷ ⓐ…犬もねこもかっている人
　ⓑ…ねこをかっている人
　ⓒ…犬もねこもかっていない人
　ⓓ…犬をかっていない人
　ⓔ…クラス全員

❸

	男	女
子ども	6	7
大　人	4	5

考え方・とき方

❶

＼		男のきょうだい	
		いる	いない
女のきょうだい	いる	○○の人数	×○の人数
	いない	○×の人数	××の人数

❷ ⓐは，両方ともかっている人である。

❸ 下のような表ができる。

	男	女	合計
子ども	6	13－6	13
大　人	10－6	12－7（9－4）	9
合　計	10	12	22

知っておこう ❸の表で，たての合計と横の合計は等しくなります。

すすんだ問題 の答え　　**68**ページ

❶ (1) 22　　　(2) すりきず

(3) 1年生　　(4) 下の表

場所 けがの種類	ろうか	体育館	校庭	教室	合計
きりきず	0	0	0	1	1
ね ん ざ	1	2	0	0	3
すりきず	1	3	7	1	12
う ち み	3	1	2	0	6
合 計	5	6	9	2	22

(5) ろうか

❷ (1) 5　　　(2) 6　　　(3) 15

(4) 3　　　(5) 5　　　(6) 1

考え方・とき方

❶ 表2を完成させると,

学年 けがの種類	1	2	3	4	5	6	合計
きりきず	0	0	0	0	1	0	1
ね ん ざ	0	0	1	1	0	1	3
すりきず	5	3	2	2	0	0	12
う ち み	1	2	0	2	1	0	6
合 計	6	5	3	5	2	1	22

(1) 上の表より, 22。けがの種類の人数を加えても, 学年の人数を加えても同じになる。

(2) 上の表より, すりきず。

(3) 上の表より, 1年生。

(4) 残りの場所は, 校庭と教室。きりきずは教室で1人いるが, 校庭には1人もいない。分け方が決まったら, まちがえないように整理する。正の字などを使うとよい。

(5) 表3より, ろうか。

❷ ・求める人数は

(1) AとBだけ持っている人

(2) AとCだけ持っている人

(3) Aだけ持っている人

(4) BとCだけ持っている人

(5) Bだけ持っている人

(6) Cだけ持っている人

・また, アンケートの結果の

③, ④には「1つも持っていない人」

⑤～⑦には「全部持っている人」

の人数も入っている。

・アンケートの結果⑦を考えると

「AもBも持っている人」…⑦

＝「全部持っている人」…①

＋「AとBは持っているがCは持っていない」

…(1)の答え

(1), (2), (3), (4), (6)は, 次のように考える。

(1) (A○B○)－(全部○)＝9－4＝5(人)

(2) (A○C○)－(全部○)＝10－4＝6(人)

(3) (B×C×)－(全部×)＝21－6＝15(人)

(4) (B○C○)－(全部○)＝7－4＝3(人)

(6) (A×B×)－(全部×)＝7－6＝1(人)

全員で45人だから

① ② (1) (2) (3) (4) (6)

(5) 45－4－6－5－6－15－3－1

＝5(人)

9 計算のきまり

❶ (1) 10   (2) 18   (3) 96
   (4) 180   (5) 2   (6) 32
❷ (1) 12   (2) 9   (3) 5   (4) 5
❸ (1) 135   (2) 800
   (3) 4200   (4) 792
❹ (1) 49   (2) 12   (3) 144   (4) 9
❺ (1) 24   (2) 167   (3) 5   (4) 72
❻ 1000−(550+120)=330
                    答　330円

考え方・とき方
❶ (1) $(16+4)÷2=20÷2=10$
   (2) $16+4÷2=16+2=18$
   (3) $84+6×2=84+12=96$
   (4) $(84+6)×2=90×2=180$
   (5) $4×(9−8)÷2=4×1÷2=2$
   (6) $4×9−8÷2=36−4=32$
❷ 計算のきまりを利用する。
❸ (1) $35+(93+7)=35+100=135$
   (2) $25×32=25×4×8=100×8=800$
   (3) $42×(25×4)=42×100=4200$
   (4) $99×8=(100−1)×8=800−8=792$
❹ (1) $36+13=49$ (2) $19−7=12$
   (3) $24×6=144$ (4) $72÷8=9$
❺ (1) $□=50−26=24$
   (2) $□=62+105=167$
   (3) $□=60÷12=5$
   (4) $□=8×9=72$
❻ $1000−(550+120)$
   $=1000−670=330(円)$

❶ (1) 108   (2) 64   (3) 25
   (4) 70   (5) 8   (6) 4
❷ (1) 7   (2) 4   (3) 88
   (4) 96   (5) 18   (6) 120
❸ (1) 196   (2) 2800   (3) 960
   (4) 150   (5) 2600   (6) 4455
❹ 1000−(160+80×6)=360
                    答　360円

考え方・とき方
❶ (1) $9×(18−6)=9×12=108$
   (2) $80−64÷4=80−16=64$
   (3) $42÷6×4−21÷7$
      $=7×4−3=28−3=25$
   (4) $(9+15÷3)×5=(9+5)×5$
      $=14×5=70$
   (5) $(48−2×4)÷(15−5)×2$
      $=(48−8)÷10×2=40÷10×2$
      $=4×2=8$
   (6) $14×(32−24)÷28=14×8÷28$
      $=112÷28=4$
❷ (1) $93=100−7$
   (3) $□=124−36=88$
   (4) $□=34+62=96$
   (5) $□=216÷12=18$
   (6) $□=15×8=120$
❸ (1) $96+(77+23)=96+100=196$
   (2) $28×(4×25)=28×100=2800$
   (3) $32×(12+18)=32×30=960$
   (4) $(43−33)×15=10×15=150$
   (5) $100×25+4×25=2500+100$
      $=2600$
   (6) $45×(100−1)=45×100−45×1$
      $=4500−45=4455$
❹ 1ダースは12本だから半ダースは6本である。
   $1000−(160+80×6)$
   $=1000−(160+480)$
   $=1000−640=360(円)$

すすんだ問題 の答え　74ページ

❶ (1) 54　(2) 10　(3) 150
　(4) 15　(5) 3　(6) 48
❷ (1) 100　(2) 4
　(3) 5　(4) 52
❸ (1) 3　(2) 12　(3) 264　(4) 240

考え方・とき方

❶ ×，÷は＋，−より先に計算する。かっこがあればかっこの中を先に計算する。

❷ (1) 42×(100−1)から考える。
　(2) 64＝16×4から考える。
　(3) □＝174÷6−24
　　　＝29−24
　　　＝5
　(4) □＝26×(32−15×2)
　　　＝26×(32−30)
　　　＝26×2
　　　＝52

❸ ある数を□とすると
　(1) (□＋12)×9＝135
　　　□＝135÷9−12
　　　＝15−12＝3
　(2) (144÷□＋6)×4＝72
　　　144÷□＋6＝72÷4
　　　144÷□＝72÷4−6
　　　□＝144÷(72÷4−6)
　　　＝144÷(18−6)
　　　＝144÷12＝12
　(3) (□÷12−20)×3＝6
　　　□＝(6÷3＋20)×12
　　　＝(2＋20)×12
　　　＝22×12＝264
　(4) □−(30＋5)×4＝100
　　　□＝100＋(30＋5)×4
　　　＝100＋140＝240

10 面積のはかり方と表し方

教科書のドリル の答え　78ページ

❶ ⑦…60cm²　⑦…49cm²
❷ (1) 36cm²　(2) 36cm²
❸ (1) 30cm²　(2) 64cm²
❹ 13cm
❺ 12cm
❻ ⑤
❼ 1000cm²

考え方・とき方

❶ 1つの方がんが1cm²なので，方がんの数を数えればよい。

❷ (1) 6×6＝36(cm²)
　(2) 4×9＝36(cm²)

❸ (1) 50mm＝5cmだから
　　　5×6＝30(cm²)
　(2) 80mm＝8cmだから
　　　8×8＝64(cm²)

❹ 78÷6＝13(cm)

❺ 長方形の面積は6×8＝48(cm²)
　横の長さを4cmにすると，たての長さは
　48÷4＝12(cm)

❻ 20÷2＝10(cm)
　あの横の長さは10−3＝7(cm)
　面積は3×7＝21(cm²)
　いの横の長さは10−4＝6(cm)
　面積は4×6＝24(cm²)
　うの横の長さは10−5＝5(cm)
　面積は5×5＝25(cm²)

❼ 2つの長方形に分けるか，全体からかけた部分をひいて求める。
　35×20＋15×20
　＝1000(cm²)
　または
　35×40−20×20
　＝1000(cm²)

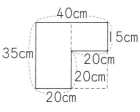

テストに出る問題の答え　79ページ

1. (1) 700cm² 　(2) 144cm²
   (3) 144cm² 　(4) 63cm²
2. ⓐ…45cm²，ⓘ…64cm²
   ⓤ…44cm²，ⓔ…51cm²
3. (1) 22cm² 　(2) 14cm²
   (3) 16cm²

考え方・とき方

1. (1) 28×25＝700（cm²）
   (2) 正方形の1辺の長さは
   48÷4＝12（cm）
   面積は12×12＝144（cm²）
   (3) のばした正方形の1辺の長さは
   3×4＝12（cm）
   面積は12×12＝144（cm²）
   (4) 32÷2＝16（cm）
   長方形の横の長さは16−7＝9（cm）
   面積は7×9＝63（cm²）
2. ⓐ5×9＝45（cm²）
   ⓘ6×12−2×4＝72−8＝64（cm²）
   ⓤ3つの長方形に分ける。
   5×4＋3×4＋2×6
   ＝20＋12＋12＝44（cm²）
   ⓔ正方形と三角形
   に分ける。
   三角形の面積は
   長方形の面積の半
   分として求める。

   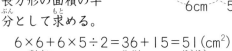

   6×6＋6×5÷2＝36＋15＝51（cm²）
3. (1) 全体からかけた部分をひく方法で求める
   と
   6×4−1×2＝22（cm²）
   2つの長方形に分ける方法で求めると
   5×4＋1×2＝22（cm²）
   (2) 全体からかけている部分をひくと
   6×3−2×2＝18−4＝14（cm²）
   (3) 6×4−4×2＝24−8＝16（cm²）

教科書のドリルの答え　82ページ

1. (1) 144m² 　(2) 686m²
2. (1) 18m² 　(2) 1m²
3. 400m²
4. 30m
5. (1) 20000 　(2) 1
   (3) 100，10000 　(4) 4
6. (1) 15a 　(2) 9ha 　(3) 3600ha
7. 10a

考え方・とき方

1. (1) 12×12＝144（m²）
   (2) 14×49＝686（m²）
2. (1) 10m＝1000cmだから
   180×1000＝180000（cm²）→18（m²）
   (2) 2m＝200cmだから
   200×50＝10000（cm²）→1（m²）
3. 正方形の1辺の長さは
   80÷4＝20（m）
   正方形の面積は20×20＝400（m²）
4. 長方形の横＝面積÷たてだから
   1500÷50＝30（m）
5. (1) 2m²＝20000cm²
   (2) 10000cm²＝1m²
   (3) 1ha＝100a＝10000m²
   (4) 400m²＝4a
6. (1) 50×30＝1500（m²）
   1500m²＝15a
   (2) 300×300＝90000（m²）
   90000m²＝900a＝9ha
   (3) 4×9＝36（km²）
   36km²＝3600ha
7. 2つの長方形に分ける。
   20×40＋10×20＝1000（m²）
   1000m²＝10a

知っておこう　教室などの面積はm²，田畑な
どの面積はaやha，町などの面積はkm²を単位
にするとよい。

テストに出る問題 の答え　83ページ

1 (1) 26000　　(2) 0.8　　(3) 0.3
　　(4) 70000

2 ノート…cm²，教室…m²，
　　運動場…a，市…km²

3 (1) 232m²　　(2) 1275m²
　　(3) 1280m²

4 (1) 8m　　(2) 128m²

考え方・とき方

1 (1) $2.6 \times 10000 = 26000 (cm^2)$
　　(2) $8000 \div 10000 = 0.8 (m^2)$
　　(3) $3000 \div 10000 = 0.3 (ha)$
　　(4) $7km^2 = 7000000m^2 = 70000a$

3 (1) $16 \times (6+10+6) - 12 \times 10$
　　　 $= 16 \times 22 - 120 = 232 (m^2)$
　　(2) $30 \times 50 - 15 \times 15 = 1275 (m^2)$
　　(3) $(35-3) \times (45-5) = 32 \times 40$
　　　 $= 1280 (m^2)$

4 (1) アイの長さは，32mを4つに分けた1つ分
　　　 になる。$32 \div 4 = 8 (m)$
　　(2) $16 \times 8 = 128 (m^2)$

すすんだ問題 の答え　84ページ

1 (1) 2300m²　(2) 56m²　(3) 54m²

2 12m

3 (1) 9a　(2) 30m

4 (1) 600m²　(2) 20m　(3) 12a
　　(4) 0.18ha

考え方・とき方

1 (1) $20 \times 80 + 10 \times (10+40) + 20 \times 10$
　　　 $= 2300 (m^2)$
　　(2) $4 \times 8 + (4+4) \times (6-4) + 2 \times 4 = 56 (m^2)$
　　(3) $6 \times 6 + 6 \times 6 \div 2 = 54 (m^2)$

2 正方形の面積は $18 \times 18 = 324 (m^2)$
　　長方形の面積も324m²だから，たての長さは，
　　$324 \div 27 = 12 (m)$

3 (1) 畑全体の面積は $30 \times 40 = 1200 (m^2)$
　　　 $1200m^2 = 12a$
　　　 麦畑の面積は $12 - 3 = 9 (a)$
　　(2) $9a = 900m^2$
　　　 麦畑の横の長さは $900 \div 30 = 30 (m)$

4 (1) 全体の面積は $30 \times 60 = 1800 (m^2)$
　　　 ⓐの面積は全体の面積を3つに分けた1つ分
　　　 にあたるから，$1800 \div 3 = 600 (m^2)$
　　(2) $600 \div 30 = 20 (m)$
　　(3) $1800 - 600 = 1200 (m^2)$
　　　 $1200m^2 = 12a$
　　(4) $1800m^2 = 18a = 0.18ha$

11 分 数

教科書のドリル の答え　88ページ

1 (1) $\dfrac{1}{7}$　　(2) 11

2 真分数… $\dfrac{6}{7}$, $\dfrac{9}{10}$

　　仮分数… $\dfrac{7}{3}$, $\dfrac{5}{5}$, $\dfrac{9}{8}$

3 (1) $2\dfrac{2}{3}$　　(2) $3\dfrac{3}{4}$
　　(3) $2\dfrac{1}{6}$　　(4) 4

4 (1) $\dfrac{5}{4}$　　(2) $\dfrac{16}{7}$
　　(3) $\dfrac{13}{3}$　　(4) $\dfrac{29}{8}$

5 ⑦ $1\dfrac{1}{3}$, $\dfrac{4}{3}$　　⑦ $2\dfrac{2}{3}$, $\dfrac{8}{3}$

6 (1) 6　(2) 3　(3) 8　(4) 1

7 (1) $\dfrac{12}{10}$　　(2) $1\dfrac{2}{3}$
　　(3) $2\dfrac{4}{6}$　　(4) $\dfrac{9}{5}$

考え方・とき方

1 (8)(9) 分数部分がひけないときは，整数部分の1をくり下げる。

2 左から順に計算する。

(3) $2\frac{2}{3} - \frac{1}{3} - 1\frac{2}{3} = 2\frac{1}{3} - 1\frac{2}{3} = \frac{2}{3}$

3 $4\frac{7}{9} + 2\frac{4}{9} = 6\frac{11}{9} = 7\frac{2}{9}$(m)

4 $6\frac{1}{4} - 1\frac{3}{4} = 5\frac{5}{4} - 1\frac{3}{4} = 4\frac{2}{4}$(kg)

5 $4\frac{1}{6} - 1\frac{5}{6} = 3\frac{7}{6} - 1\frac{5}{6} = 2\frac{2}{6}$(時間)

すすんだ問題 の答え　94 ページ

❶ (1) $\frac{18}{7}$，　$2\frac{4}{7}$　　(2) $2\frac{4}{9}$，　$\frac{3}{9}$

❷ (1) 9　　(2) $\frac{26}{15}$　　(3) $2\frac{4}{9}$

　　(4) $\frac{79}{10}$　　(5) $5\frac{1}{7}$　　(6) $\frac{39}{8}$

❸ (1) $7\frac{3}{6}$　　(2) $5\frac{8}{9}$　　(3) $\frac{2}{3}$

　　(4) $\frac{3}{8}$　　(5) $2\frac{3}{4}$　　(6) $4\frac{5}{15}$

❹ $\frac{7}{9}$

❺ $\frac{1}{7}$

考え方・とき方

❶ (2) $\frac{19}{9} = 2\frac{1}{9}$ だから $2\frac{4}{9} - 2\frac{1}{9} = \frac{3}{9}$

❷ (1)(3)(5) 分子を分母でわって，整数部分を求める。

　(2)(4)(6) 分母×整数部分＋分子で分子を求める。

❸ 3つ以上の分数の計算では，仮分数になってもそのまま計算し，答えで帯分数にする。

❹ いちばん大きい分数は $4\frac{8}{9}$，いちばん小さい分数は $4\frac{1}{9}$。差は $4\frac{8}{9} - 4\frac{1}{9} = \frac{7}{9}$

❺ ある数は $1 - \frac{3}{7} = \frac{4}{7}$

　正しい答えは $\frac{4}{7} - \frac{3}{7} = \frac{1}{7}$

12 変わり方調べ

教科書のドリル の答え　98 ページ

❶ □＋△＝10

❷ (1) □×3＝△　　(2) 3ずつふえる

❸ (1) □×△＝24　　(2) 4

❹ □－△＝28

❺ (1) 80円　　(2) 150円

　(3) 1750円

❻ (1) 4日目　　(2) 7日目

考え方・とき方

❶ 20本のひごを使うので，長方形のまわりの長さは20cmである。たてと横の長さの和は10cmである。

❷ (1) 正三角形の3つの辺はみんな同じ長さなので，まわりの長さは1辺の長さの3倍である。

(2) □が1，2，3，…と1ずつふえると，△は3，6，9，…と変わっていく。

❸ (1) たて×横＝面積の公式に□，△，24をあてはめる。

(2) 6×△＝24だから　△＝24÷6
　　　　　　　　　　　　△＝4

❹ □と△との差がいつも28になっていることに目をつける。

❺ (1) こ数が1こふえたとき，代金がいくらふえるかを見る。

630－550＝80(円)

(2) 80円のまんじゅう5ことと，箱代で550円だから，箱代は

550－80×5＝150(円)

(3) 80×20＋150＝1750(円)

6 (1) 300－230＝70（円）

70－30＝40（円）

40÷（30－20）＝4（日目）

(2) 70÷（30－20）＝7（日目）

知っておこう 2つの量の変わり方のきまりを見つけるには，表をかいてみるとよい。

テストに出る問題の答え　99ページ

1 □＋△＝30

2 (1) 30×□＝△　(2) 30ずつふえる

(3) 360（円）　(4) 6（本）

3 (1)

1辺の数（こ）	2	3
まわりの数（こ）	3	6

4	5	6	7	8
9	12	15	18	21

(2) 3こふえる　(3) 42こ

(4) （□－1）×3＝△

4 兄…19まい　　弟…11まい

考え方・とき方

1 みかんとりんごの数の和は，いつも30である。

2 (1) 1本のねだん×本数＝代金の関係がある。

(3) 30×12＝360（円）

(4) 180÷30＝6（本）

3 (1) 図をもとにして，まわりの数を数えていき，表をうめる。

(2) 1辺の数が2から3へと1ふえると，まわりの数は，3から6へと3ふえる。

(3) 1辺の数が8このとき，まわりのこ数は21こ。

21＋3×（15－8）＝42（こ）

(4) （1辺の数－1）×3＝まわりの数の関係を，□と△を使って表す。

4 下の表から考える。

兄（まい）	15	16	17	18	19	…
弟（まい）	15	14	13	12	11	…
差	0	2	4	6	8	…

すすんだ問題の答え　100ページ

1 (1) 12こ　(2) 32こ

2 (1) 19こ　(2) 11こ

(3) （□＋2）×2－1＝△

（（□＋1）×2＋1＝△や

3＋□×2＝△でもよい。）

3 (1) 6×□＝△　(2) 540cm

(3) 15分

4 (1) 180m　(2) 12分後

考え方・とき方

1 表をかいてみる。

兄（こ）	20	21	22	23	24	25	26
弟（こ）	20	19	18	17	16	15	14

27	28	29	30	31	32	33	34
13	12	11	10	9	8	7	6

(1) 弟のこ数を4倍すると兄のこ数になるところをさがす。

2 (1)

黒（こ）	1	2	3	4	5
白（こ）	5	7	9	11	13

黒のご石が1こふえると，白のご石は2こふえる。

黒が5このときは白は13こだから

13＋2×（8－5）＝19（こ）

(2) 白が13このとき黒は5こだから

5＋（25－13）÷2＝11（こ）

(3) （黒のご石）×2＋3＝（白のご石）

という関係がある。

3 (1) 1分間に6cmずつ深くなることがわかる。

(2) 6×90＝540（cm）

(3) 90÷6＝15（分）

4 (1) 1分間に60m歩くので，3分間では

60×3＝180（m）

(2) 1分間で80－60＝20（m）ずつ追いつく。

180mを追いつくのにかかる時間は

180÷20＝9（分）

はじめの3分をたして9＋3＝12（分）

13 がい数の表し方

教科書のドリルの答え　104ページ

❶ ③

❷ (1) 6000　　(2) 83000
　 (3) 41000　　(4) 50000

❸ (1) 7600　　(2) 4200
　 (3) 36000　　(4) 400000

❹ (1) 5, 6, 7, 8, 9
　 (2) 0, 1, 2, 3, 4

❺ 335, 344

❻ (1) 1000台　　(2) 85000台

❼ ②, ④

考え方・とき方

❶ ①は約9万, ②は約7万, ④は約9万。

❷ 百の位の数字に目をつけ, 0から4ならば切り捨て, 5から9ならば切り上げる。

❸ 上から3けた目を四捨五入する。
　　400000
　 (4) 395421
　　　↑
　　　————— 上から3けた目

❹ (1) 5から9までの数字でなければ14万にならない。
　 (2) 0から4までの数字でなければ14万にならない。

❺ 一の位を四捨五入したことになる。
　 335, 336, 337, …, 342, 343, 344が考えられる。

❻ (1) 1cm＝10mmなので, 1mmは1万台の $\frac{1}{10}$ にあたる。1万台の $\frac{1}{10}$ は1000台。
　 (2) 8cm5mm＝85mm
　　 1mmが1000台にあたるから, 85mmは85000台。

テストに出る問題の答え　105ページ

❶ (1) 4700　　(2) 5200
　 (3) 23000　　(4) 30000
　 (5) 440000　　(6) 240000

❷ (1) 4600　　(2) 89000
　 (3) 30000　　(4) 120000
　 (5) 200000　　(6) 710000

❸ 27500, 28500

❹ ⑦…20cm4mm　　④…8cm
　 ⑦…8cm5mm　　⑤…19cm5mm

考え方・とき方

❶ 求めたい位のすぐ下の位を調べ, その位の数字が0, 1, 2, 3, 4ならば切り捨て, 5, 6, 7, 8, 9ならば切り上げる。

　　　　00　　　　　　　　00
　 (1) 4732　　　(2) 520+
　　　000　　　　　　　30000
　 (3) 23489　　(4) 29780
　　　40000　　　　　40000
　 (5) 439784　　(6) 235008

❷ 　　00　　　　　　　000
　 (1) 4625　　　(2) 89428
　　　30000　　　　　0000
　 (3) 29500　　(4) 124299
　　　0000　　　　　10000
　 (5) 201563　　(6) 70980+

❸ 上から3けた目を四捨五入して28000になる整数は, 27500から28499までの数である。

❹ 千人が1mmにあたるから, 4つの市の人口を千の位までのがい数で表すと, 下のようになる。

市	人口（人）
⑦	204000
④	80000
⑦	85000
⑤	195000

教科書のドリルの答え　108ページ

❶ (1) 約11000　　(2) 約8000
　(3) 約54000
　(4) 約12000
　(5) 約15000
　(6) 約15000

❷ (1) 約4000　　(2) 約1000
　(3) 約39000　(4) 約3000
　(5) 約2000　　(6) 約36000

❸ (1) 約120000
　(2) 約24000000
　(3) 約40　　(4) 約150

❹ (1) ある国の地いき別人口

		人口(人)	がい数(人)
A	州	5543961	6000000
B	州	103810393	104000000
C	州	4003459	4000000
D	州	14593962	15000000
合	計		129000000

　(2) 約500万人

考え方・とき方

❶，❷ 百の位を四捨五入して，千の位までのがい数にしてから計算をする。

❶ (4) 3000＋8000＋1000＝12000
　(5) 10000＋2000＋3000＝15000
　(6) 9000＋1000＋5000＝15000

❷ (4) 9000＋3000−9000＝3000
　(5) 5000−2000−1000＝2000
　(6) 86000−59000＋9000＝36000

❸ 上から2けた目を四捨五入して，上から1けたのがい数にしてから計算する。
　(1) 200×600＝120000
　(2) 4000×6000＝24000000
　(3) 800÷20＝40
　(4) 9000÷60＝150

❹ 十万の位を四捨五入して，百万の位までのがい数にする。

テストに出る問題の答え　109ページ

❶ (1) 約168000
　(2) 約354000
　(3) 約44000
　(4) 約62000

❷ (1) 約7680000
　(2) 約288000000
　(3) 約20
　(4) 約250

❸ (1) 約27000人
　(2) 約9000人

❹ (1) 約5000万km²
　(2) 約3倍

考え方・とき方

❶ 百の位を四捨五入して，千の位までのがい数にしてから計算する。

(1)　　74000
　　＋94000
　　168000

(2)　　304000
　　＋ 50000
　　354000

(3)　　93000
　　−49000
　　44000

(4)　　149000
　　− 87000
　　62000

❷ (1) 2400×3200＝7680000
　(2) 16000×18000＝288000000
　(3) 2400÷120＝20
　(4) 40000÷160＝250

❸ 百の位を四捨五入する。
　(1) 18000＋9000＝27000(人)
　(2) 18000−9000＝9000(人)

❹ (1) 千万の位までのがい数にするために，百万の位を四捨五入する。
　　10000万−5000万＝5000万(km²)
　(2) 15000万÷5000万＝3(倍)

14 小数のかけ算とわり算

教科書のドリルの答え　114ページ

❶ (1) 0.6　(2) 3.5　(3) 2.4
　(4) 0.36　(5) 0.72　(6) 0.3　(7) 8
　(8) 10　(9) 42　(10) 40

❷ (1) 26.1　(2) 65.8　(3) 49.6
　(4) 19　(5) 45.6　(6) 34.4
　(7) 0.69　(8) 0.162

❸ (1) 4.02　(2) 46.25　(3) 82
　(4) 260.8　(5) 1.46　(6) 0.384

❹ (1) 67.2　(2) 81.2　(3) 236.8
　(4) 396.9　(5) 14.58　(6) 4

❺ 27.6m

考え方・とき方

❶ (7) 0.2×40は0.2×4の10倍
　　0.2×4=0.8　0.8×10=8
　(8) 0.5×20は0.5×2の10倍
　　0.5×2=1だから0.5×20=10

❸ (3)　　 2 0.5
　　　　×　　　 4
　　　　 8 2.0

　(5)　　 0.3 6 5
　　　　×　　　　 4
　　　　 1.4 6 0

　小数点より後ろの終わりの0は消しておく。

❺ 1.84×15=27.6(m)

テストに出る問題の答え　115ページ

❶ (1) 5.6　(2) 3.6　(3) 0.21
　(4) 0.45　(5) 0.63　(6) 0.4

❷ (1) 22.8　(2) 2.73　(3) 34.4
　(4) 0.212　(5) 49.2　(6) 21.15
　(7) 56.64　(8) 1.72

❸ (1) 88.4　(2) 27.75
　(3) 550　(4) 7.848

❹ 43.2dL

❺ 22m

考え方・とき方

❶ (6) 0.08×5=0.40となるが，最後の0は消しておく。

❷ 積には，かけられる数の小数点にそろえて，小数点をうつ。

❸ かける数が2けたのときも，計算のしかたは同じである。

❹ 2ダースは24本だから
　1.8×24=43.2(dL)

　　　　 1.8
　　　×2 4
　　　　 7 2
　　　 3 6
　　　 4 3.2

❺ 0.25×28=7(m)
　0.5×30=15(m)
　7+15=22(m)

　　　　 0.2 5
　　　×　 2 8
　　　 2 0 0
　　　 5 0
　　　 7.0 0

教科書のドリルの答え　118ページ

❶ (1) 0.3　(2) 0.9　(3) 0.02
　(4) 0.07　(5) 0.2　(6) 0.5

❷ (1) 0.9　(2) 2.3　(3) 1.2
　(4) 0.12　(5) 16.4　(6) 4.1
　(7) 0.67　(8) 0.53

❸ (1) 0.21　(2) 1.6　(3) 1.06
　(4) 0.013

❹ (1) 7.5あまり0.2　(2) 3.8あまり0.2

❺ (1) 0.25　(2) 0.85

❻ 40.6倍

考え方・とき方

❶ (5) 1は0.1が10こあると考えると，
　　1÷5は0.1が(10÷5)こある。
　(6) 4は0.1が40こあると考えると，
　　4÷8は0.1が(40÷8)こある。

❷ 商の小数点は，わられる数の小数点の真上にうつ。

❸ わる数が2けたのときも，計算のしかたは同じである。

④ あまりの小数点は，わられる数の小数点の真下にうつ。

(1)
```
      7.5
  6)4 5.2
    4 2
      3 2
      3 0
      0.2
```

(2)
```
      3.8
  7)2 6.8
    2 1
      5 8
      5 6
      0.2
```

⑤ (1)の1.5は1.50，(2)の10.2は10.20と考えて計算する。

(1)
```
      0.2 5
  6)1.5
    1 2
      3 0
      3 0
        0
```

(2)
```
       0.8 5
  12)1 0.2
       9 6
         6 0
         6 0
          0
```

⑥ 18m27cm＝1827cm
```
        4 0.6
  45)1 8 2 7
     1 8 0
         2 7 0
         2 7 0
             0
```

③ (1)
```
      8.5
  6)5 1
    4 8
      3 0
      3 0
       0
```
(2)
```
       4.6 5
  4)1 8.6
    1 6
      2 6
      2 4
        2 0
        2 0
         0
```
(3)
```
        0.4 0 8
  15)6.1 2
     6 0
       1 2 0
       1 2 0
           0
```

④ $\dfrac{1}{100}$の位まで計算し，$\dfrac{1}{100}$の位で四捨五入する。

(1)
```
      3.2 1
  6)1 9.3
    1 8
      1 3
      1 2
        1 0
         6
         4
```
(3)
```
        2.5 5
  29)7 4.2
     5 8
       1 6 2
       1 4 5
         1 7 0
         1 4 5
           2 5
```

⑤ 水の量を1として図に表すと，

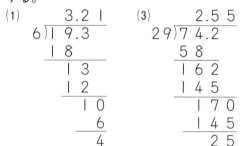

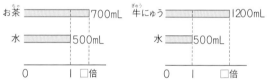

お茶：700÷500＝1.4（倍）

牛にゅう：1200÷500＝2.4（倍）

テストに出る問題の答え　119ページ

１ (1) 0.8　　(2) 0.6　　(3) 0.08
　　(4) 0.05

２ (1) 1.8　　(2) 1.9　　(3) 5.5
　　(4) 0.26　　(5) 0.23　　(6) 2.7

３ (1) 8.5　　(2) 4.65　　(3) 0.408

４ (1) 3.2　　(2) 12.2　　(3) 2.6

５ お茶…1.4倍
　　牛にゅう…2.4倍

（考え方・とき方）

１ (4) 0.2÷4は，0.01が（20÷4）こあると考える。

すすんだ問題の答え　120ページ

❶ (1) 0.266　　(2) 3403.2
　　(3) 41.385　　(4) 1220.9
　　(5) 125　　(6) 5400

❷ (1) 0.48　　(2) 0.25あまり0.2
　　(3) 0.11

❸ 147.7cm

❹ 0.4kg

考え方・とき方

❶ (4)
```
      4.2 1
×     2 9 0
  3 7 8 9 0
    8 4 2
1 2 2 0.9 0
```

(5)
```
        0.6 2 5
×         2 0 0
1 2 5.0 0 0
```

(6)
```
      1 0.8
×       5 0 0
  5 4 0 0.0
```

❷ (2) $42\overline{)10.70}$ と考えて計算する。

(3) わる数が3けたの数であっても, 計算のしかたは同じである。

(2)
```
      0.2 5
4 2)1 0.7
    8 4
    2 3 0
    2 1 0
    0.2 0
```

(3)
```
        0.1 1
7 0 2)7 7.2 2
      7 0 2
        7 0 2
        7 0 2
              0
```

❸ つなぎ目は14できる。

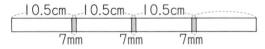

7mm＝0.7cmだから
10.5×15－0.7×14
＝157.5－9.8
＝147.7(cm)

❹ 10.8－1.2
＝9.6(kg)
9.6÷24＝0.4(kg)

```
        0.4
2 4)9.6
    9 6
      0
```

15 直方体と立方体

教科書のドリルの答え　124ページ

❶ (1) 8こ　(2) 56cm

❷ (1) 辺FB, 辺GC, 辺HD

(2) 辺EA, 辺DA, 辺FB, 辺CB

(3) 面ABCD

(4) 面EABF, 面FBCG, 面GCDH, 面HDAE

(5) 辺AB, 辺BC, 辺CD, 辺DA

(6) 辺EA, 辺FB, 辺GC, 辺HD

❸ (1) 面お

(2) 面あ, 面う, 面お, 面か

(3) 辺NC, 辺KF, 辺JG

❹
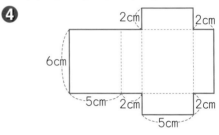

❺ (たて3m, 横3m, 高さ3m)

考え方・とき方

❶ (1) 頂点の数と同じである。

(2) 7cm, 3cm, 4cmのひごが, それぞれ4本ずついる。
(7＋3＋4)×4＝56(cm)

❷ (1)(2) 辺と辺の垂直や平行は, その辺をふくむ長方形や正方形で考える。

(3)(4) 向かい合った面は平行で, となり合った面は垂直である。

(5)(6) 面と向かい合っている辺は平行で, 面にまっすぐ立っている辺は垂直である。

❸ 見取図をかくと, 下のようになる。

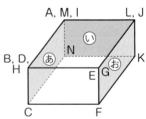

❹ 直方体の向かい合った面は, 形も大きさも同じ長方形である。

❺ (たて, 横, 高さ)のように, 長さの組で表す。

テストに出る問題 の答え　125ページ

1 (1) 6，2，3　(2) 12，6，3

2 (1) 辺EA，辺GC，辺HD

(2) 辺AB，辺FB，辺DC，辺GC

(3) 面EFGH

(4) 面EABF，面FBCG，
面GCDH，面HDAE

3 ⓐ…6　　ⓘ…5　　Ⓤ…4

4 点イは

（たて7cm，横6cm，高さ5cm）

点ウは

（たて7cm，横6cm，高さ0cm）

考え方・とき方

1 (1) 直方体には，同じ大きさの面が2つずつ3組ある。

(2) 立方体には，同じ長さの辺が12本，同じ大きさの面が6つある。

3 ⓐ，ⓘ，Ｕのそれぞれの面に平行な面はどれかを調べる。

4 高さがない場合は，高さを表す位置を0cmとする。

知っておこう　直方体や立方体では，1つの面に垂直な面は4つ，平行な面は1つあります。

すすんだ問題 の答え　126ページ

1 (1) 辺AB，辺BC，辺CD，
辺DA

(2) 面ABCD，面GCDH

(3) 面ADHE，面BCGF

(4) 辺AB，辺DC，辺HG，辺EF

2 (1) 辺KL　(2) 辺JI

(3) 点I，点C　(4) 面ABMN

(5) 面KHIJ，面LEHK，
面MDEL，面BCDM

3 ウ…（4，3，3）　　エ…（4，2，5）

考え方・とき方

1 直方体や立方体では，1つの面に平行な辺は4本，1つの面に垂直な辺も4本ある。

また，1つの辺に平行な面は2つ，1つの辺に垂直な面も2つある。

2 きじゅんになる面をもとにして，見取図をかくとよい。

3 イの積み木の位置は

（たて2，横3，高さ5）

と表せる。

知っておこう　展開図を見て，どんな形ができるかを考えるには，どこか1つの面を底とし，まわりの4つの面とふたがどれにあたるかを考えるとよいでしょう。

16 問題の考え方

教科書のドリル の答え　130ページ

1 52こ

2 かご…300円　　りんご…160円

3 上巻…730円　　下巻…770円

4 2.4km

5 32まい

6 ノート…150円　　えん筆…80円

7 昼…11時間15分　夜…12時間45分

8 4800円

考え方・とき方

1 ももこさんのどんぐりの数は

30−4＝26（こ）

これの2倍がななこさんのどんぐりの数だから

26×2＝52（こ）

❷ 図に表すと,

1100円

1420円

← この部分は同じ　(1420−1100)円はりんご2つ分のねだん

りんご1このねだんは,

(1420−1100)÷2＝320÷2＝160(円)

かごのねだんは,

1100−160×5＝300(円)

（答えのたしかめ）

160×7＋300＝1420(円)

「かごとりんご5こ」のほうからかごのねだんを求めたので,「かごとりんご7こ」のほうにもあてはまるかどうかをかくにんする。

❸ 線分図に表すと

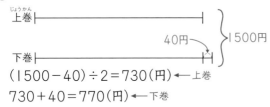

上巻

下巻　40円　1500円

(1500−40)÷2＝730(円)　←上巻

730＋40＝770(円)　←下巻

（答えのたしかめ）

730＋770＝1500(円)

（知っておこう）　(1500＋40)÷2＝770（円）

として下巻のほうから求めてもよい。

❹ たつやさんの家から学校までのきょりを1とすると, たつやさんの家から駅までのきょりは3。

800×3＝2400(m)＝2.4(km)

❺ 図に表すと

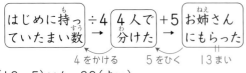

はじめに持っていたまい数　÷4→4人で分けた→＋5→お姉さんにもらった

4をかける　5をひく　13まい

(13−5)×4＝32(まい)

❻ 図に表すと

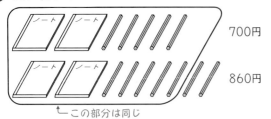

700円

860円

← この部分は同じ

えん筆1本のねだんは

(860−700)÷2＝80(円)

ノート1さつのねだんは

(700−80×5)÷2＝150(円)

答えのたしかめ

150×2＋80×7＝860円

ノート2さつとえん筆7本のほうにもあてはまる。

❼ 線分図に表すと,

昼

夜　1時間30分　24時間

(24時間＋1時間30分)÷2

＝12時間45分　←夜

12時間45分−1時間30分

＝11時間15分　←昼

（別の考え方）　昼のほうから求めると,

(24時間−1時間30分)÷2＝11時間15分

❽ 線分図に表すと,

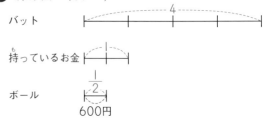

バット　4

持っているお金　1

ボール　$\frac{1}{2}$　600円

600×2＝1200(円)　←だいすけさんが持っているお金

1200×4＝4800(円)　←バットのねだん

テストに出る問題の答え　131ページ

1 4人

2 32と54

3 (1) 200g　(2) 400g　(3) 500g

4 30まい

（考え方・とき方）

1 (21000−1800)÷800

今年集まった会費

＝19200÷800＝24(人)　←今年はらった人

28−24＝4(人)

28－(21000－1800)÷800＝4(人)

と1つの式に表すこともできるが，あまり式が長くなると意味がわからなくなることもあるので，気をつけよう。

2 図に表す。

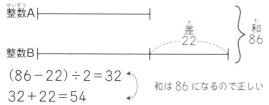

(86－22)÷2＝32
32＋22＝54

和は86になるので正しい

3 (1) ⟨900⟩－⟨700⟩＝200(g)

びん＋いっぱいのジュース　びん＋半分のジュース
900g　　700g

(2) 半分が200g((1)で求めた)だったので，

200×2＝400(g)

(3) 900－400＝500(g)

4 図をかくと，下のようになる。

えりかさん ├┼┼┼┼┼┼┼┤120まい
あやのさん ├┤
ひかるさん ├┼┤

120まいがあやのさんの8倍だから，あやのさんの数は120÷8＝15(まい)

ひかるさんは，あやのさんの2倍持っているから　15×2＝30(まい)

すすんだ問題① の答え　132ページ

❶ 200円
❷ シュークリームが5円高い
❸ 30こ
❹ 410円
❺ (1) 16人　(2) 1840円

❶ べつべつに求めると
1080÷9＝120(円)，720÷9＝80(円)

120＋80＝200(円)

別の考え方　コップとさじを1組として考えると
1080＋720＝1800(円)
1800÷9＝200(円)

❷ べつべつに求めると
680÷8＝85(円)，640÷8＝80(円)
85－80＝5(円)……シュークリームのほうが
5円高い

別の考え方　8こ分の差で考えると
680－640＝40(円)
40÷8＝5(円)

❸ 1こについて安くしてくれた金がくは
40－36＝4(円)
全部で120円になったので，みかんのこ数は
120÷4＝30(こ)

❹ 持っていたお金は
360＋180＝540(円)
キャンデーを買って残りが130円になったので，キャンデーのねだんは
540－130＝410(円)

別の考え方　残りのお金が180－130＝50(円)
少なくなったのは，キャンデーのねだんが50円高かったからである。
キャンデーのねだんは　360＋50＝410(円)

❺ (1) 100円から120円に，20円多く集めたことにより，240＋80＝320(円)多くなったことになる。1人分20円で全部で320円だから，出した人は
320÷20＝16(人)
(2) 100×16＋240＝1840(円)

すすんだ問題② の答え　133ページ

❶ 1020円
❷ 320円
❸ 10000円
❹ 120円
❺ 480円

考え方・とき方

① 図をかくと，下のようになる。

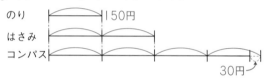

のりは150円
はさみは150×2＝300（円）
コンパスは150×4－30＝570（円）
全部で150＋300＋570＝1020（円）

② プリン1このねだんは
1920÷12＝160（円）
160×4＝640（円）がケーキ2こ分であるから，
ケーキ1このねだんは
640÷2＝320（円）

③ ボール1このねだんは
5500÷11＝500（円）
バット1本のねだんは
500×8＝4000（円）
全部のねだんは
5500＋500＋4000＝10000（円）

④ ドッジボールの1人分の代金は
840÷3＝280（円）
残りのお金は
400－280＝120（円）

⑤ 図をかくと，下のようになる。

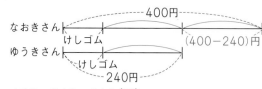

400－240＝160（円）
この160円がゆうきの残ったお金である。
なおきの残ったお金は
160×2＝320（円）
全部では　160＋320＝480（円）

仕上げテスト

仕上げテスト①の答え　136ページ

1 (1) 九十八億七千六百五十四万三千二百十

(2) 十億二千三百四十五万六千七百八十九

(3) 2987654310

2 (1) 36000

(2) 大きい数…464999
小さい数…455000

3 (1) 1　　(2) 3, 5　　(3) 812
(4) 3　　(5) 9　　(6) 6, 5

4 (1) 0.1　　(2) 1.25

(3) $1\frac{1}{2}\left(\frac{3}{2}\right)$　　(4) $\frac{1}{4}$

考え方・とき方

1 (1) 大きい数を上の位から順にならべるようにする。

(2) 大きい数は下の位から順にならべる。0は十億の位にはおけないことに注意。

(3) 30億をこえる数では3012456789があるが，2987654310のほうが30億に近い。

2 (1)　　6000
　　35X+6

(2) 千の位で四捨五入して460000になる数は，455□□□から464□□□
　　□はどんな数でもよい。
したがって，455000から464999まで。

3 (1) 5 . 3 1 2
一の位　小数第一位　小数第二位　小数第三位

(2) 0.35は0.3と0.05をあわせたもの。
0.1が3こ　0.01が5こ

(3) 0.1…0.01が10こ集まった数

1…0.01が100こ集まった数

8.12は8と0.1と0.02をあわせた数

0.01 が 2 こ
0.1…0.01 が 10 こ
1 が 8 こ…0.01 が 800 こ

800+10+2=812(こ)

4 1を等しく20こに分けてある。小さいめもり2つ分が0.1$\left(または \frac{1}{10}\right)$になることに注意しよう。

(3),(4)は，次のように，この数直線は1を大きく2つ，または4つに分けているという見方をして，

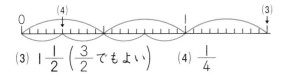

(3) $1\frac{1}{2}$ $\left(\frac{3}{2} でもよい\right)$ (4) $\frac{1}{4}$

仕上げテスト②の答え　137ページ

1 (1) 228　(2) 25あまり13

(3) 14あまり46　(4) 46あまり13

(5) 99あまり4　(6) 8あまり5

2 (1) 1.95　(2) 8.01　(3) 5.06

(4) 2　(5) 10.133　(6) 23.182

3 (1) 12　(2) 84　(3) 10

(4) 54　(5) 740　(6) 1700

4 225g

5 2032円

考え方・とき方

1 (1)
```
   228
4)912
  8
  11
  8
  32
  32
   0
```
(2)
```
    25
32)813
   64
   173
   160
    13
```

(3)
```
   14
61)900
  61
  290
  244
   46
```
(4)
```
   46
15)703
  60
  103
   90
   13
```

(5)
```
    99
5)499
  45
  49
  45
   4
```
(6)
```
    8
81)653
   648
    5
```

2 (1)
```
  0.43
+1.52
 1.95
```
(2)
```
  3.8
+4.21
 8.01
```

(3)
```
  3.69
+1.37
 5.06
```
(4)
```
  1.56
+0.44
(2.00)→2
```

(5)
```
  6.543
+3.59
 10.133
```
(6)
```
  21.328
+ 1.854
 23.182
```

3 (1) 2×(4+6)−8=2×10−8

=20−8=12

(2) (2+4)×(6+8)=6×14=84

(3) 2×4−6+8=8−6+8=2+8=10

(4) (8+6)×4−2=14×4−2=56−2=54

(5) 14×5×2+6×4×25

=14×10+6×100

=140+600

=740

(6) 16×17+84×17=(16+84)×17

=100×17=1700

4 5.4+12.6=18(kg)　18kg=18000g

18000÷80=225(g)

5 36000÷18+576÷18

=2000+32=2032(円)

仕上げテスト③の答え　138ページ

1 (1) 144cm²　　(2) 7140m²
　　(3) 30cm²　　(4) 748m²

2 (1) 43°　　(2) 135°　　(3) 261°

3
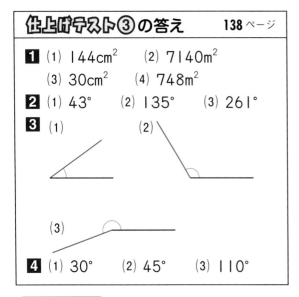
(1)　　　　　　(2)

(3)

4 (1) 30°　　(2) 45°　　(3) 110°

考え方・とき方

1 (1) 12×12＝144(cm²)

(2) 105×68＝7140(m²)

(3) 6×(3＋2＋2)
　　<u>全体の大きい長方形</u>
　　　－2×2×3
　　　└ <u>1辺が2cmの</u>
　　　　正方形3つ分

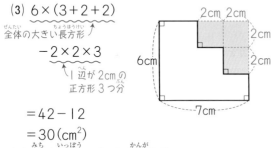

　　＝42－12
　　＝30(cm²)

(4) 道を一方へよせて考える。
　　(24－2)×(36－2)＝22×34＝748(m²)

2 分度器を使用する。

4 (1)
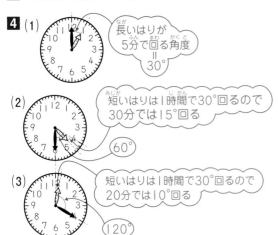
長いはりが
5分で回る角度
＝
30°

(2)
短いはりは1時間で30°回るので
30分では15°回る
60°

(3)
短いはりは1時間で30°回るので
20分では10°回る
120°

知っておこう　　短いはりについて

短いはりは1時間で30°回ります。

1時間＝60分　60分÷20分＝3

20分は1時間を3でわったうちの1つ分だか
ら，30°÷3＝10°

短いはりは20分で10°回ります。

仕上げテスト④の答え　139ページ

1 ⓐ32°　　ⓘ58°　　ⓤ32°

2

	平行四辺形	ひし形	長方形	正方形
辺の長さ	②	③	②	③
角の大きさ	④	④	⑤	⑤
対角線	⑥	⑦	⑥	⑦

3 1

考え方・とき方

1 下の図のようになります。

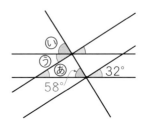

3 3のうらが5，6のうらが2であることから，
(ウ)は1か4とわかる。3，6との位置関係から
1だとわかる。

仕上げテスト⑤の答え　140ページ

1 (1) 18時から20時まで

(2) 12時から14時まで

(3) 6時から8時まで

(4) 16時

2

		2	
		わり切れる	わり切れない
3	わり切れる	6，12，18，24，30	3，9，15，21，27
	わり切れない	2，4，8，10，14，16，20，22，26，28	1，5，7，11，13，17，19，23，25，29

3 100円

4 りんごのほうが20円高い

5 1200円

考え方・とき方

1 (1) 変わり方が大きいほどグラフの直線のかたむきが大きい。かたむきがいちばん大きいところをさがす。

(2) 変わらないということは，グラフの直線は横ばいになる。

(3) どちらが，グラフの折れ線のかたむきが大きいか。

(4) 下がるということは，グラフの折れ線が右下がりになる。

2 1から30までの数を，

・2でも3でもわり切れる

・2ではわり切れるが3ではわり切れない

・3ではわり切れるが2ではわり切れない

・2でも3でもわり切れない

　の4つに分類する。

3 えん筆6本のねだんは

　750－150＝600（円）

　えん筆1本のねだんは

　600÷6＝100（円）

4 りんご1このねだんは

　560÷7＝80（円）

　みかん1このねだんは

　420÷7＝60（円）

　よって　80－60＝20（円）

5 図をかくと次のようになる。

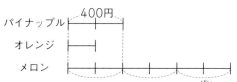

メロンはパイナップルのねだんの3倍である。

　400×3＝1200（円）